高等职业教育轨道交通类铁道供电技术特色专业系列教材
全国行业紧缺人才、关键岗位从业人员培训推荐教材

牵引供电系统继电保护

梁　静　陈振棠　主　编
黄　绘　程　洋　副主编

西南交通大学出版社
·成　都·

图书在版编目（ＣＩＰ）数据

牵引供电系统继电保护 / 梁静，陈振棠主编. —成都：西南交通大学出版社，2020.4（2024.3 重印）
高等职业教育轨道交通类铁道供电技术特色专业系列教材　全国行业紧缺人才、关键岗位从业人员培训推荐教材

ISBN 978-7-5643-7375-7

Ⅰ. ①牵… Ⅱ. ①梁… ②陈… Ⅲ. ①牵引供电系统－电力系统－继电保护－高等职业教育－教材 Ⅳ. ①TM922.3

中国版本图书馆 CIP 数据核字（2020）第 030344 号

高等职业教育轨道交通类铁道供电技术特色专业系列教材
全国行业紧缺人才、关键岗位从业人员培训推荐教材

Qianyin Gongdian Xitong Jidian Baohu

牵引供电系统继电保护

梁 静　陈振棠　主编

责任编辑	梁志敏
封面设计	吴 兵

出版发行	西南交通大学出版社
	（四川省成都市金牛区二环路北一段 111 号
	西南交通大学创新大厦 21 楼）
邮政编码	610031
营销部电话	028-87600564　028-87600533
网址	http://www.xnjdcbs.com
印刷	成都蓉军广告印务有限责任公司

成品尺寸	185 mm×260 mm
印张	11
字数	273 千
版次	2020 年 4 月第 1 版
印次	2024 年 3 月第 4 次
定价	35.00 元
书号	ISBN 978-7-5643-7375-7

课件咨询电话：028-81435775

前　言

随着我国铁路建设的迅速发展，铁路供电系统的技术也在发展变化，继电保护在供电系统中处于重要地位，也是铁道供电类专业的一门专业核心课程。作为一门理论性与实践性都非常强的学科，继电保护问题的解决需要技术人员具有扎实的理论知识。本书主要是面向高职高专类院校，针对铁道供电系统专业编写的教材。该书结合铁路供电系统的特点，介绍继电保护最基本的理论、概念、计算及分析方法，主要内容包括继电保护的基本知识、继电保护的基本元件与测试仪器、电网相间短路保护、电网的接地保护、电网的距离保护、自动重合闸装置、母线保护及断路器失灵保护、变压器保护、牵引供电系统保护、微型计算机继电保护等。

本书共分为十章，其中第三、五、七章由梁静老师编写，第二、六、九章由陈振棠副教授编写，第一、十章由程洋老师编写，第四、八章由黄绘老师编写，思考与练习由梁静老师编写。

中国铁路南宁局集团有限公司柳州供电段对本书的编写给予了大力支持，并提出了很多宝贵的意见和建议，编者在此表示衷心的感谢。

限于编者水平有限，编写时间仓促，书中难免存在不妥之处，恳请广大读者批评指正。

编　者

2019 年 12 月

目　录

第一章　继电保护的基础知识

【学习目标】

（1）理解电力系统的运行状态。
（2）掌握继电保护的含义。
（3）理解继电保护的作用。
（4）了解继电保护的特点。
（5）掌握继电保护的工作原理。
（6）了解继电保护的分类。

第一节　继电保护的含义和作用

一、继电保护的含义

电力系统在运行中，可能出现各种故障和不正常运行状态，最常见同时也是最危险的故障是发生各种形式的短路。在发生短路时可能产生以下后果。

（1）通过故障点的短路电流很大或燃起电弧，使故障元件损坏。

（2）短路电流通过非故障元件，由于发热和电动力的作用，引起非故障元件的损坏或缩短它们的使用寿命。

（3）电力系统中部分地区的电压大大降低，破坏用户工作的稳定性或影响工厂产品的质量。

（4）破坏电力系统并列运行的稳定性，引起系统震荡，甚至使整个系统瓦解。

电力系统中电气元件的正常工作遭到破坏，但没有发生故障，这种情况属于不正常运行状态。例如，因负荷超过电气设备的额定值而引起的电流升高（又称过负荷），就是一种最常见的不正常运行状态。过负荷会使元件载流部分和绝缘材料的温度不断升高，加速绝缘的老化和损坏，最后可能发展成故障。此外，系统中因功率缺额而引起的频率降低，发电机突然甩负荷而产生的内部过电压，以及电力系统发生震荡等，都属于不正常运行状态。

故障和不正常运行状态，都可能在电力系统中引起事故。事故，就是指系统或其中一部分的正常工作遭到破坏，并造成对用户少送电或电能质量变坏到不能容许的地步，甚至造成人身伤亡和电气设备损坏。

系统故障的发生，除了自然条件的因素（如遭受雷电等）之外，一般是由于设备制造上的缺陷、设计和安装的错误，检修质量不高或运行维护不当而引起的。在电力系统中，应采取各项积极措施消除或减少发生故障的可能性。故障一旦发生，必须迅速而有选择性地切除故障元件，这是保证电力系统安全运行的最有效的方法之一。

图 1-1 所示为某电气化铁道供电系统的简单示意图。T_1、T_2 是牵引变电所内两台主变压器，用来将电源侧 110 kV 三相电压变换为 27.5 kV 单相电压向接触网供电，$QF_1 \sim QF_8$ 是高压断路器。

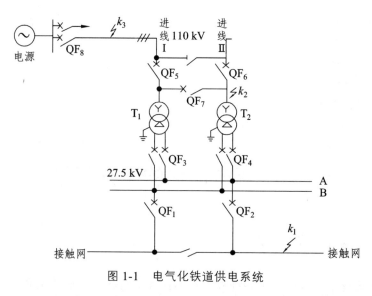

图 1-1 电气化铁道供电系统

高压断路器是用来带负荷操作断开和接通电路的高压开关电器。正常送电时，操作控制开关将断路器合闸。停电时，操作控制开关将断路器分闸。正常运行时，如果部分元件（如避雷器、隔离开关等异常接地等）或线路发生短路故障（如线路对地短路、线路间短路等），对应断路器应当自动跳闸，将短路故障切除。为了实现线路发生短路后，对应断路器能够自动跳闸，出现了一种自动化装置——继电保护装置，它不断测定供电系统运行中的状态，并将该测定值和预先整定好的基准值相比较，从而正确地判别系统是处于正常还是故障状态。当供电系统发生故障时，它按设计要求自动地发出指令，使与故障点直接有关的断路器跳闸并显示信号（有些情况下只发出信号）。继电保护装置是由各种继电器、电子元件与互感器等按一定要求组合而成的，切除故障的时间常常小到十分之几甚至百分之几秒。在电业部门常用"继电保护"一词泛指继电保护技术或由各种继电保护装置组成的继电保护系统，而"继电保护装置"一词则指各种具体的装置。

二、继电保护的作用

继电保护装置是指能反应电力系统中电气元件发生故障或不正常运行状态，并动作于断路器跳闸或发出信号的一种自动装置。它的基本作用是：

（1）自动、迅速、有选择性地将故障部分（电气元件、设备或线路等）从电力系统中切除，使故障部分免于继续遭到破坏，保证其他无故障部分迅速恢复正常运行。

（2）反映电气元件的不正常运行状态，并根据运行维护的条件（如有无经常值班人员）动作于发出信号、减负荷或跳闸。此时一般不要求保护迅速动作，而是根据对电力系统及其元件的危害程度规定一定的延时，以免不必要的动作和由于干扰而引起的误动作。如发生主变压器过负荷、过热、轻瓦斯、控制回路断线、绝缘不良等不正常状态时，继电保护装置发出相应的信号，引起值班人员注意，及时采取措施，消除不正常状态。

此外，继电保护与自动重合闸装置配合使用，对于改善供电方案，进一步提高供电质量很有价值。实践证明，电线路 70%左右的短路故障属于瞬时性故障，具有自消性，即在继电保护装置动作、断路器跳闸后，短路故障可以自行消除，采用自动重合闸装置将断路器重合闸后仍能继续正常供电，重合闸成功率为 70%~90%。对于少数非自消性故障，虽然重合闸不成功，但由于有了完善的继电保护装置，断路器可以再次迅速跳闸，将故障切除。由此可见，继电保护是保证电力系统安全运行和提高供电质量的重要手段。

第二节　继电保护的原理和分类

一、继电保护的工作原理概念

继电保护的基本原理是利用被保护线路或设备故障前后某些突变的物理量为信息量，当这些信息量达到一定值时，继电保护装置启动逻辑控制环节，发出相应的跳闸脉冲或信号，从而切除系统中的故障部分。这些物理量包括电流、电压、线路测量阻抗、电压电流间相位、负序和零序分量等。

以图 1-2 所示的最简单的过电流保护作用示意图为例，线路正常运行时，断路器 QF 主触头和辅助常开触头均闭合，此时电流互感器 TA 二次侧电流 I_2 小于给定值（继电保护中称作整定值），继电器 K 衔铁不吸合，其触头处于断开状态，线路被认为处于正常运行状态。在正常运行时，I_2 小于整定值，继电器不动作。

当保护范围内发生短路时，从电源到短路点之间将流过非常大的短路电流，电流互感器 TA 的一次侧电流 I_1 增大，二次侧流入继电器 K 线圈中的电流 I_2 也将增大，如果超过给定值，则继电器 K 的衔铁吸合动作，常开触点闭合，使跳闸线圈 YR 受电，铁心被向上吸动，顶开脱扣机构和断路器 QF 主触头，使断路器 QF 跳闸，断开短路部分。断路器 QF 跳闸后，它的辅助常开触点也断开，使 YR 断电。保护范围内发生短路故障，使 I_2 大于整定值时，继电器跳闸动作。

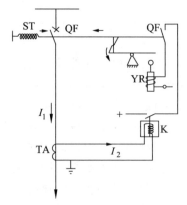

QF—断路器；ST—分闸弹簧；YR—跳闸线圈；
K—继电器；TA—电流互感器。

图 1-2　电流保护作用示意图

该示例的过电流继电保护的核心是电流继电器，它通过电流互感器受电，一直检测回路电流值，并与给定值做比较，一旦超过给定值就动作，向断路器跳闸机构送出跳闸命令。继电保护装置的构成原理虽然有很多，但是概括起来继电保护装置由测量部分、逻辑部分和执行部分组成，其原理框图如图 1-3 所示。

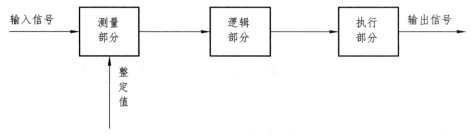

图 1-3　继电保护装置的原理框图

（1）测量部分：测量从被保护对象输入的有关物理量，并与给定的整定值进行比较，根据比较的结果给出"是"或"非"的一组逻辑信号，从而判断保护是否应该启动。

（2）逻辑部分：根据测量部分各输出量的大小、性质、输出的逻辑状态、出现的顺序或它们的组合，确定是否应该使断路器跳闸或发出信号，并将有关信号传送给执行部分。继电保护中常用的逻辑回路有"或""与""否""延时启动""延时返回"及"记忆"等。

（3）执行部分：根据逻辑部分传送的信号，最终完成保护装置所承担的任务，如故障时，动作于跳闸；异常运行时，发出信号；正常运行时，不动作等。

二、继电保护装置的分类

（一）按保护装置反应的参数分类

（1）电流保护：测量比较元件反应的是流过保护安装处的电流 I。正常情况下，电流小于整定值，保护不动作。当发生短路、电流等于或大于整定值时，保护动作。

（2）欠电压保护：测量比较元件反应的是保护安装处的电压 U。正常情况下，电压高于整定值，保护不动作。当发生短路、电压等于或低于整定值时，保护动作。

（3）距离保护：测量比较元件反应的是从保护安装处至短路点的线路阻抗 $Z = U/I$。正常情况下，电流 I 小，电压 U 高，阻抗 Z 大于整定值，保护不动作。在短路情况下，保护安装处电流回路中的电流 I 增大，母线电压 U 降低，阻抗 Z 减小；当 Z 小于整定值时，保护动作。

（4）差动保护：测量比较元件反应的是被保护设备两端的电流差 I_Δ。正常情况下和保护范围外部短路时，该电流差小，保护不动作。当保护范围内发生短路时，该电流差增大，保护动作。

（5）方向性保护：在双侧电源线路中，为了判别短路的方向，确保继电保护的选择性，往往增加方向元件，或使测量比较元件本身具有方向性，从而构成具有方向性的保护装置。正常情况下或反方向短路时，保护不动作。正方向短路时，保护动作。

（6）反映某一对称分量（如零序分量或负序分量）的保护：这时在变换电路中应包括对称分量滤过器，以获得所需要的相序分量。正常情况下，该相序分量小于整定值，保护不动作。当发生不对称短路故障时，零序或负序分量将等于或大于整定值，保护动作。

（二）按保护装置的构成元件分类

（1）电磁型保护：由电磁型继电器构成。

（2）感应型保护：测量比较元件由感应型继电器构成。

（3）整流型保护：测量比较元件由整流型继电器构成。

（4）晶体管型保护：由晶体管型继电器构成。

（5）集成电路型保护：由集成电路型继电器构成。

（6）微型计算机保护：由微型计算机和相关的电路构成。

（三）按用途分类

（1）线路保护：被保护设备是线路。

（2）母线保护：被保护设备是母线。

（3）变压器保护：被保护设备是变压器。

（4）牵引网保护：被保护设备是牵引网。

（5）电容补偿装置保护：被保护设备是电容补偿装置。

（四）按保护的后备问题分类

（1）主保护。

（2）后备保护：包括近后备保护和远后备保护。

（3）辅助保护。

第三节　对继电保护装置的基本要求

根据继电保护在电力系统中所担负的任务，一般情况下，对动作于跳闸的继电保护在技术上有 4 个基本要求：选择性、速动性、灵敏性、可靠性。这些要求需要针对使用条件的不同，在设计时进行综合考虑。

一、选择性

保护装置的选择性是指电力系统某点发生短路时，继电保护动作，将与短路部分直接有关的断路器跳闸，仅把故障部分切除，而非故障部分仍能继续运行，使停电范围最小。例如：图 1-1 中，当 k_1 点短路时，应当只是 QF_2 跳闸；当 k_2 点短路时，应当只是 QF_4、QF_6、QF_7 跳闸；当 k_3 点短路时，应当只是 QF_5、QF_8 跳闸。将短路故障部分切除后，其余非故障部分仍能继续供电。选择性由合理地采用继电保护方式与正确的整定计算、调试、运行维护来保证。

二、速动性

继电保护的速动性是指在电力系统发生短路故障时，继电保护应当尽快地动作，使与短路点直接有关的断路器跳闸，迅速将故障切除。其目的是：

（1）缩短用户在电压降低的情况下工作的时间。

（2）减轻电气设备可能受损坏的程度。

（3）防止故障扩展。

（4）有利于提高电力系统并列运行的稳定性。

从理想情况考虑，速动性不应当影响选择性。例如：图 1-1 中，如果 k_1 点发生短路，短路电流也同时流过变压器 T_1 和 T_2，其保护装置的动作时限应大于 QF_2 保护装置的动作时限，这样才能保证选择性。但是，如果变压器内部（如图 1-1 中 k_2 点）发生短路，其两侧的断路器应尽快跳闸。可见速动性与选择性不可能同时实现，要保证选择性，必须使之具有一定的动作时间，这往往需要采用比较复杂的继电保护装置。对发生不正常运行状态时只需要发出信号的继电保护装置，一般不要求迅速动作，而是按照选择性的要求发出信号。

三、灵敏性（也叫灵敏度）

继电保护的灵敏性是指在保护范围内发生短路故障或异常运行状态时，保护装置能敏锐反应并动作的能力，没有因反应不灵敏而拒动的现象。满足灵敏性要求的保护装置应该在规定的保护区内短路时，不论短路点位置、短路形式及系统的运行方式如何，都能够灵敏反应。灵敏性一般用灵敏系数 K_{sen} 来衡量。

（1）对于反应短路时参数值增加的保护装置：

$$灵敏系数 K_{sen} = \frac{保护区末端金属性短路时保护安装处测量到的故障参数的最小计算值}{保护装置的动作参数整定值}$$

（2）对于反应短路时参数值降低的保护装置：

$$灵敏系数 K_{sen} = \frac{保护装置的动作参数整定值}{保护区末端金属性短路时保护安装处测量到的故障参数的最大计算值}$$

大多数情况下，电力系统短路故障是非金属性的，且故障参数在计算时都会有一定误差，所以一般要求 $K_{sen} > 1$。

四、可靠性

继电保护的可靠性是指保护装置本身的元件与接线等都处于良好状态时（保护装置本身不存在任何故障），在它规定的保护范围内发生属于它应该动作的短路故障时，不应该由于它本身有缺陷而拒绝动作；当线路正常运行，在规定保护范围外发生短路故障等任何不应该由它动作的短路时，不应该由于它本身有缺陷而误动作。简单地说，可靠性是指保护装置该动作时应可靠动作，不该动作时应可靠不动作。为了提高继电保护的可靠性，应注意以下几点。

（1）采用的继电器及触点应尽可能少，选择的继电器和其他元件应当质量高、动作可靠，并且正确地整定计算。

（2）装配、施工时，应正确无误，保证施工质量。

（3）合理调整试验，加强日常运行维护管理。

第四节　继电保护的发展概况

熔断器可以说是最早的过电流保护器件，它的特点是融保护装置与切断电流的装置于一体。因其结构简单，至今仍广泛用作低压配电线路、小型配电变压器和低压用电设备的保护。由于电力系统的迅速发展，用电设备功率、发电机容量不断增大，发电厂、变电所和供电电网的接线越来越复杂，熔断器不能满足选择性和速动性的要求，于是出现了专门作用于断流装置（断路器）的电磁型过电流继电器，利用继电器和断路器的配合来实现电力系统的保护。

20 世纪初，继电器开始广泛应用于电力系统的保护。1901 年，出现了用感应型电流继电器构成的电流保护。1908年，电流差动保护被提出。1910年，电流方向保护被采用，感应型功率方向继电器被应用。1920年，感应型阻抗继电器构成的距离保护被应用。1927年以后，输电线路的高频保护开始应用，电子管构成的高频发送与接收电路被应用。

20世纪50年代以前的继电保护装置都是由电磁型、感应型继电器构成的，这些继电器都具有机械转动部分，统称为机电式继电器。由这些继电器构成的继电保护装置称为机电式保护装置。机电式保护装置虽然工作比较可靠，运行经验丰富，但是体积大，功率消耗多，动作速度慢，机械转动部分和触点容易磨损或粘连，调试比较复杂，不能满足超高压、大容量电力系统的要求。

20世纪60年代以来，随着半导体技术的迅速发展，应用半导体器件的整流型保护装置和晶体管型保护装置逐渐受到重视，并被推广应用。晶体管型继电保护的优点：动作迅速、灵敏度高、体积小、质量小、功率消耗少、无触点、无机械磨损等。其缺点：离散性大、抗干扰能力较差、工作可靠性较低。经过继电保护工作者不懈的努力，这些缺点逐步得到了满意的解决，晶体管型保护装置的正确动作率达到了同机电式保护装置一样的水平。20世纪70年代是晶体管型和整流型继电保护装置在我国被大量采用的时期，满足了当时电力系统向超高压、大容量方向发展的需要。晶体管型继电保护装置由于无机械转动部分而称为静态继电保护装置。

随着电子技术的发展，出现了体积更小、工作更可靠的集成运算放大器和其他集成电路元件。这就促使静态继电保护装置向集成电路化方向发展。20世纪80年代后期，是静态继电保护装置从第一代（晶体管型）向第二代（集成电路型）过渡和发展的时期。

20世纪70年代以来，随着电子计算技术的迅速发展，特别是微处理器技术的迅速发展及其价格的急剧下降，出现了微型计算机型继电保护装置（简称微机保护）。1984年，我国第一套高压输电线路微机保护装置在电力系统投入试运行，于80年代后期通过部级鉴定，并投入小批量生产。在我国电气化铁道方面，由西南交通大学研制的第一套WXB-61型微机电力牵引馈线保护与故障测距装置，于1992年通过部级鉴定。铁道科学研究院研制的WXB71型电气化铁道馈电系统微机保护及故障测距装置、WBZ-71型电气化铁道牵引变电所主变压器微机保护装置和WRZ-71型电气化铁道牵引变电所电容器并联补偿微机保护装置，于1993年通过部级鉴定。

微机保护装置未来发展将向计算机化，网络化，智能化，保护、控制、测量和数据通信一体化发展。伴随着计算机技术和电子技术的飞速发展，新的控制技术和元件不断得到应用，微机保护的研究和功能将向更高层次发展，如功能更强大的CPU、DSP等芯片的应用，不断优化的人工智能算法，4G、5G等更先进的无线通信技术，光纤通信，量子通信，等等。同时，保护装置的体积也在不断变小。可以说，微机保护代表着电力系统继电保护的未来，成为电力系统保护、控制、测量、信号、运行调度和事故处理的统一计算机系统（电力系统综合自动化系统）的组成部分。

思考与练习

一、填空题

1. 继电保护的选择性是指继电保护动作时，只能把_____从系统中切除_____继续运行。

2. 电力系统相间短路的形式有_____短路和_____短路。

3. 电力系统发生相间短路时，_____大幅度下降，_____明显增大。

4. 电力系统发生故障时，继电保护装置应_____，电力系统出现不正常工作时，继电保护装置一般应_____。

5. 电力系统切除故障的时间包括_____时间和_____的时间。

6. 继电保护的灵敏性是指其对_____发生故障或不正常工作状态的_____。

7. 继电保护的可靠性是指保护在应动作时_____，不应动作时_____。

二、判断题

1. 电力系统发生故障时，继电保护装置如不能及时动作，就会破坏电力系统运行的稳定性。（　　）

2. 电气设备过负荷时，继电保护应将过负荷设备切除。（　　）

3. 电力系统继电保护装置通常应在保证选择性的前提下，使其快速动作。（　　）

4. 电力系统故障时，继电保护装置只发出信号，不切除故障设备。（　　）

5. 继电保护装置的测量部分是测量被保护元件的某些运行参数与保护的整定值进行比较。（　　）

6. 保证供电可靠性就是在任何情况下都不间断对用户的供电。（　　）

三、选择题

1. 对电力系统的基本要求是（　　）。
   - A. 保证对用户的供电可靠性和电能质量，提高电力系统运行的经济性，减少对环境的不良影响
   - B. 保证对用户的供电可靠性和电能质量
   - C. 保证对用户的供电可靠性，提高系统运行的经济性
   - D. 保证对用户的供电可靠性

2. 电力系统最危险的故障是（　　）。
   - A. 单相接地　　　　B. 两相短路　　　　C. 三相短路　　　　D. 接地短路

3. 电力系统短路时最严重的后果是（　　）。
   - A. 电弧使故障设备损坏
   - B. 使用户的正常工作遭到破坏
   - C. 破坏电力系统运行的稳定性

4. 继电保护的灵敏系数 K_{lm} 要求（　　　）。

    A. $K_{lm}<1$　　　　　　　　B. $K_{lm}=1$　　　　　　　　C. $K_{lm}>1$

5. 继电保护装置是由（　　　）组成的。

    A. 二次回路各元件

    B. 测量元件、逻辑元件、执行元件

    C. 包括各种继电器、仪表回路

    D. 仪表回路

6. 电力系统发生故障时，其特点是有关运动参数将发生变化，例如（　　　）。

    A. 电流降低、电压增大、电流与电压之间的相位角变化

    B. 电流增大、电压降低、电流与电压之间的相位角不变

    C. 电流增大、电压增大、电流与电压之间的相位角不变

    D. 电流增大、电压降低、电流与电压之间的相位角变化

7. 我国继电保护技术发展先后经历了五个阶段，其发展顺序依次是（　　　）。

    A. 机电型、晶体管型、整流型、集成电路型、微机型

    B. 机电型、整流型、集成电路型、晶体管型、微机型

    C. 机电型、整流型、晶体管型、集成电路型、微机型

四、简答题

1. 什么是故障、异常运行方式和事故？它们之间有何不同？又有何联系？

2. 继电保护装置的任务及其基本要求是什么？

3. 什么是保护的最大与最小运行方式，确定最大与最小运行方式应考虑哪些因素？

4. 在图 1-4 中，各断路器处均装有继电保护装置（P1～P7）。试回答下列问题：

（1）当 k_1 点短路时，根据选择性要求应由哪个保护动作并跳开哪个断路器？如果 6QF 因失灵而拒动，保护又将如何动作？

（2）当 k_2 点短路时，根据选择性要求应由哪些保护动作并跳开哪几个断路器？如果此时保护 3 拒动或 3QF 拒跳，但保护 P1 动作并跳开 1QF，问此种动作是否有选择性？如果拒动的断路器为 2QF，对保护 P1 的动作又应该如何评价？

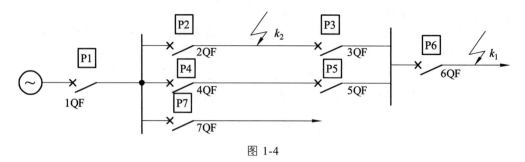

图 1-4

5. 什么是主保护、后备保护和辅助保护？远后备保护和近后备保护有什么区别？

6. 利用电力系统正常运行和故障时参数的差别，可以构成哪些不同原理的继电保护？

第二章　继电保护的基本元件与测试仪器

【学习目标】

（1）了解电流互感器的结构特点及使用注意事项。
（2）了解电压互感器的结构特点及使用注意事项。
（3）掌握电磁型继电器的结构、工作原理、符号及性能参数。
（4）掌握继电保护测试仪的使用方法。

第一节　互感器

互感器又称为仪用变压器，是电流互感器和电压互感器的统称。互感器能将高电压变成低电压，大电流变成小电流，用于测量或保护系统。其功能主要是将高电压或大电流按比例变换成标准低电压（100 V）或标准小电流（5 A 或 1 A，均指额定值），以便实现测量仪表、保护设备及自动控制设备的标准化、小型化。同时互感器还可以用来隔开高电压系统，以保证人身和设备的安全。

一、互感器工作原理及分类

在供电、用电的线路中，电流从几安到几万安，电压从几伏到几百万伏。线路中的电流、电压都比较高，直接测量是非常危险的。为了便于二次仪表测量，需要将这些电流、电压转换为比较统一的电流、电压，互感器可以起到变流、变压和电气隔离的作用。

互感器分为电压互感器（TV）和电流互感器（TA）两大类，其主要作用有：
（1）将一次系统的电压、电流信息准确地传递到二次侧相关设备。
（2）将一次系统的高电压、大电流变换为二次侧的低电压（标准值）、小电流（标准值），使测量、计量仪表和继电器等装置标准化、小型化，并降低对二次设备的绝缘要求。
（3）将二次侧设备及二次系统与一次系统高压设备在电气方面很好地隔离，从而保证了二次设备和人身的安全。

电压互感器和电流互感器接线的正确与否，对系统的保护、测量、监控等有极其重要的意义。在新安装的 TV、TA 投运或更换 TV、TA 二次电缆时，继电保护工作人员必须利用极性试验法检验 TV、TA 接线的正确性。

二、电流互感器

（一）电流互感器基本原理与结构

电流互感器（Current Transformer，CT）的作用是把数值较大的一次电流通过一定的变比转换为数值较小的二次电流，用于保护、测量等用途。电流互感器与变压器类似，也是根据电磁感应原理工作，只不过变压器变换的是电压而电流互感器变换的是电流。电流互感器与被测电流相连的绕组（匝数为 N_1）称为一次绕组（或原边绕组、初级绕组），与测量仪表相连的绕组（匝数为 N_2）称为二次绕组（或副边绕组、次级绕组）。电流互感器一次绕组电流 I_1 与二次绕组 I_2 的电流比称为实际电流比 K。额定电流比用 K_n 表示。

$$K_n = \frac{I_1}{I_2} = \frac{N_2}{N_1}$$

式中　I_1——电流互感器一次电流；

　　　I_2——电流互感器二次电流；

　　　N_1——电流互感器一次匝数；

　　　N_2——电流互感器二次匝数。

电流互感器的结构较为简单，由相互绝缘的一次绕组、二次绕组、铁心，以及构架、壳体、接线端子等组成，如图 2-1 所示。电流互感器在实际运行中负荷阻抗很小，二次绕组接近于短路状态，相当于一个短路运行的变压器。

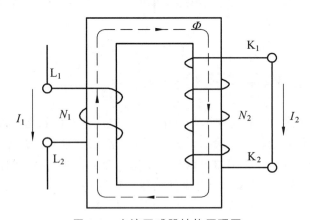

图 2-1　电流互感器结构原理图

（二）电流互感器分类

（1）按用途分：测量用电流互感器、保护用电流互感器。

（2）按绝缘介质分：干式电流互感器、浇注式电流互感器、油浸式电流互感器、气体绝缘电流互感器。

（3）按电流变换原理分：电磁式电流互感器、光电式电流互感器。

（4）按安装方式分：贯穿式电流互感器、支柱式电流互感器、套管式电流互感器、母线式电流互感器。

（三）电流互感器使用注意事项

（1）根据用电设备的实际情况选择电流互感器的额定变比、容量、准确度等级及型号，应使电流互感器一次绕组中的电流为电流互感器额定电流的 1/3 ~ 2/3。

（2）电流互感器在接入电路时，必须注意其端子符号和极性。通常用字母 L_1 和 L_2 表示一次绕组的端子，用 K_1 和 K_2 表示二次绕组的端子。一般一次侧电流从 L_1 流入、L_2 流出时，二次侧电流从 K_1 流出经测量仪表流向 K_2（此时为正极性），即 L_1 与 K_1 同极性、L_2 与 K_2 同极性。

（3）电流互感器二次侧必须有一端接地，目的是为了防止一、二次绕组绝缘击穿时，一次侧的高压电串入二次侧，危及人身和设备安全。

（4）电流互感器二次侧在工作时不得开路。当电流互感器二次侧开路时，一次电流全部被用于励磁。二次绕组感应出危险的高电压，其值可达几千伏甚至更高，严重威胁到人身和设备的安全。所以，运行中电流互感器的二次回路绝对不许开路，应注意接线牢靠，不允许装接熔断器。

三、电压互感器

（一）电压互感器基本原理与结构

电压互感器（Potential Transformer，PT）是一种按照电磁感应原理制作的特殊变压器，其结构并不复杂，用于变换线路上的电压。变压器变换电压的目的是为了输送电能，因此其容量很大，一般以千伏安或兆伏安为计算单位。而电压互感器变换电压的目的，主要是为测量仪表和继电保护装置供电，用于测量线路的电压、功率和电能，或者用于在线路发生故障时保护线路中的贵重设备、电机和变压器，因此电压互感器的容量很小，一般只有几伏安、几十伏安，最大也不超过一千伏安。

电压互感器正常工作时可以看作是一台空载运行的降压变压器。当一次绕组接于电源电压时，在一次绕组中流过空载电流，在铁心中产生磁通，使二次绕组中产生感应电压（见图2-2）。电压互感器的变比 K 定义如下：

$$K = \frac{U_1}{U_2} = \frac{N_1}{N_2}$$

式中　U_1——电压互感器一次电压；

　　　U_2——电压互感器二次电压；

　　　N_1——电压互感器一次匝数；

　　　N_2——电压互感器二次匝数；

　　　K——电压互感器变比。

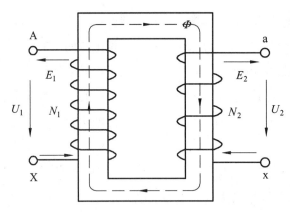

图 2-2　电压互感器结构原理图

（二）电压互感器的分类

（1）按电压等级分：低压互感器、高压互感器、超高压互感器。

（2）按用途分：测量保护用电压互感器、计量用电压互感器。

（3）按绝缘材料分：油浸式电压互感器、干式电压互感器。

（4）按绝缘类型分：全封闭电压互感器、半封闭电压互感器。

（5）按变压原理分：电磁式电压互感器、电容式电压互感器。

（三）电压互感器使用注意事项

（1）电压互感器的二次侧在工作时不能短路。正常工作时，电压互感器二次侧的电流很小，近于开路状态。当二次侧短路时，其电流很大（二次侧阻抗很小）将烧毁设备。

（2）电压互感器的二次侧必须有一端接地，防止一、二次侧击穿时，高压窜入二次侧，危及人身和设备安全。

（3）电压互感器接线时，应注意一、二次侧接线端子的极性，以保证测量的准确性。

（4）电压互感器的一、二次侧通常都应装设熔丝作为短路保护，同时一次侧应装设隔离开关作为安全检修用。

（5）电压互感器一次侧并接在线路中。

第二节　电磁式继电器

一、电磁型继电器概述

继电器是一种自动执行断续控制的装置，当输入量达到一定值时，其输出的被控制量会发生状态变化，如触点的"开""闭"，输出电平的"高""低"等，能实现对被控制电路的"通""断"控制。传统继电保护是以继电器为主要元件来完成各种保护功能的，电磁型继电器就是继电保护装置较为早期的应用形式。

（一）电磁型继电器的分类和组成

电磁型继电器按用途可分为电流继电器、电压继电器、时间继电器、中间继电器、信号继电器等。

按结构形式可分为螺管线圈式继电器（见图 2-3）、吸引衔铁式继电器、转动舌片式继电器（见图 2-4）等。

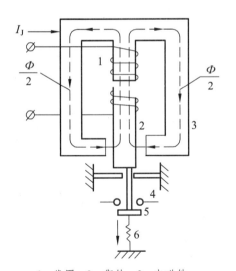

1—线圈；2—衔铁；3—电磁铁；
4—静触点 ；5—动触点；
6—反作用弹簧。

图 2-3　螺管线圈式继电器

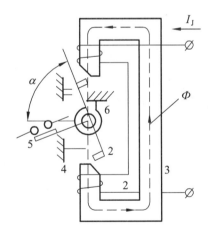

1—线圈；2—舌片；3—电磁铁；
4—止挡；5—触点；
6—反作用弹簧。

图 2-4　转动舌片式继电器

电磁型继电器一般都由铁心、衔铁、线圈、触点、反作用弹簧、止挡等部分组成，如图 2-5 所示。

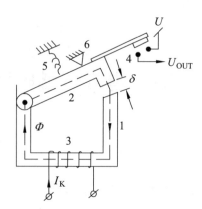

1—铁心；2—衔铁；3—线圈 4—触点；5—弹簧；6—止挡。

图 2-5　电磁型继电器的组成

（二）电磁型继电器的作用原理

1. 电磁力公式

设继电器线圈匝数为 W_K，当线圈中有电流 I_K 时，在铁心中产生磁通 Φ，磁通经衔铁、空气隙 δ 而成闭合回路，在铁心和衔铁之间产生的电磁力 F_{em} 的大小与 Φ 的二次方成正比。Φ 又与磁势成正比，与磁通所经磁路的磁阻 R_m 成反比；磁阻 R_m 又与空气隙 δ 近似地成正比（因为铁心和衔铁磁阻与空气隙磁阻相比，可忽略不计）。即

$$F_{em} = K_1\Phi^2 = K_1\left(\frac{W_K I_K}{R_m}\right)^2 \approx K_2\left(\frac{W_K I_K}{\delta}\right)^2 \tag{2-1}$$

式中，K_1、K_2 为比例系数，当磁路不饱和时为常数。

2. 动作电流及其改变的方法

当线圈电流 I_K 较小时，F_{em} 在衔铁上产生的吸合转矩还不足以克服弹簧拉力及摩擦力所产生的阻力矩，继电器仍不动作。继续增大电流 I_K，当 $I_K = I_{act}$ 时，吸合转矩等于阻力矩，于是衔铁被吸动，空气隙 δ 减小，因而吸力更增大，瞬时就把衔铁吸过来，常开触点立刻闭合，把输出电路接通。可见，继电器具有跳变特性。

能使电流继电器动作的最小电流值 I_{act}，叫作该继电器的动作电流（或启动电流）。I_{act} 的表达式：

$$I_{act} = \frac{\delta}{W_K}\sqrt{\frac{M_{re}}{K}} \tag{2-2}$$

式中，K 为与 K_1、K_2、力臂有关的比例系数。

由式（2-1）能明显看出，要改变继电器的动作电流，可以采取下列方法。

（1）改变继电器线圈匝数 W_K。

（2）改变弹簧的阻力矩。

（3）改变空气隙 δ。

3. 返回电流和返回系数

继电器动作之后，I_K 继续增大对输出电路并无影响；I_K 减小一点对继电器输出电路也无影响，因为继电器动作以后空气隙 δ 较小，只要较小的电流就能维持继电器于动作状态。

如果继续减小 I_K，当 $I_K = I_r$ 时，吸合转矩开始小于弹簧的作用力矩（即弹簧的作用力矩等于吸合转矩及摩擦力矩之和），则衔铁被弹簧拉回原来位置。因为衔铁只要被拉开一点，空气隙 δ 增大，F_{em} 减小，衔铁更易于返回，所以继电器返回也是瞬时完成的。

能使电流继电器返回的最大电流值，叫作该继电器的返回电流。

电流继电器的返回电流与动作电流之比叫作返回系数，用 K_r 表示，即

$$K_r = \frac{I_r}{I_{act}} \qquad (2-3)$$

动作电流与返回电流的差别主要是由空气隙 δ 的变化及衔铁转动时的摩擦力引起的。动作前的 δ 比动作后的大。动作过程中摩擦力的作用方向与电磁吸力相反；返回过程中摩擦力的方向与电磁吸力一致。因此，动作电流总比返回电流大，即 $K_r < 1$。

对于作为保护装置启动元件的继电器，在满足可靠性的基础上，要求 K_r 尽可能接近于 1，以便使保护装置有较高的灵敏度。因此，就需要改善磁路系统的结构以减小 δ 的变化，并采用坚硬、光滑的轴承以减小摩擦力。

二、电流继电器和电压继电器

（一）电流继电器

1. 电流继电器的结构特点

图 2-6 所示为我国采用的 DL-10 系列电流继电器的结构图。它的衔铁采用旋转的 Z 形舌

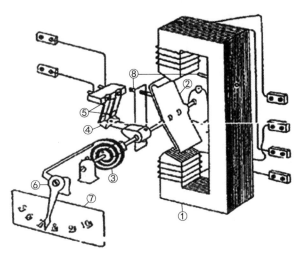

1—铁心；2—Z 形舌片；3—弹簧；4—可动触点；5—静触点；
6—调整手柄；7—刻度盘；8—限制螺杆。

图 2-6　DL-10 系列电流继电器结构图

片，动作前后空气隙占的变化较小；而且由于铁片薄，易于饱和，动作后磁通的增加不会太大。因此，其返回系数较高，一般在0.85以上，且动作快，消耗功率小。铁心上装有上、下两组相同的线圈，可以根据需要并联或串联。其缺点是触点容量小，不能直接接通断路器跳、合闸回路。

2. 调节电流继电器动作电流整定值的方法

（1）改变两个线圈的连接方式。如图2-7所示，用连接片可将两个线圈串联或者并联。当调整把手处于一定位置，线圈串联时的动作电流是并联时动作电流的1/2。

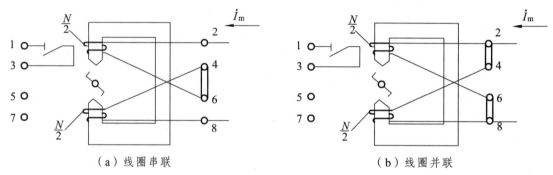

图2-7　电流继电器内部接线

（2）用调整把手改变弹簧的拉力来平滑调节。在线圈接法一定时，调整把手在最大刻度值时的动作电流为最小刻度值时的2倍。

两种调节方法应综合考虑，电流继电器的动作电流可在最小刻度值的1～4倍范围内平滑调节。

3. 电流继电器与电流互感器的连接

电流继电器接到电流互感器的二次侧，如图2-8所示，其动作与否取决于电流互感器电流大小和电流继电器动作电流整定值大小。

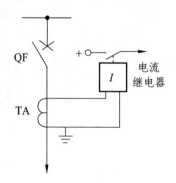

QF—断路器；TA—电流互感器。

图2-8　电流继电器与电流互感器的连接

4. 电流继电器的主要参数

（1）动作电流 I_{act}：使继电器动作的最小电流值。

（2）返回电流 I_r：使继电器返回的最大电流值。

（3）返回系数 K：返回电流与动作电流之比。

返回系数 K 技术范围值为 0.85～0.9，过大则动作灵敏但不可靠，过小则动作可靠但不灵敏。

（二）电压继电器

1. 电压继电器的结构

电压继电器的结构形式与 DL-10 系列电流继电器一样，不同的只是它的线圈匝数多，导线截面小，线圈阻抗大。

2. 电压继电器与电压互感器的连接

电压继电器接到电压互感器的二次侧，其动作与否取决于电压互感器电压高低和电压继电器动作电压整定值大小。

3. 电压继电器的应用与返回系数

欠电压继电器的启动电压低于返回电压，返回系数为

$$K_r = \frac{U_r}{U_{act}} > 1 \tag{2-4}$$

式中　U_r——欠电压继电器的返回电压；

U_{act}——欠电压继电器的动作电压（启动电压）。

一般欠电压继电器的 K_r 值应不大于 1.2。

4. 过电压继电器

过电压继电器的动作和返回的概念与电流继电器的动作和返回的概念相同。过电压继电器的动作电压高于返回电压，返回系数为

$$K_r = \frac{U_r}{U_{act}} < 1 \tag{2-5}$$

一般过电压继电器的 K_r 值应不小于 0.85。

5. 电压继电器的动作电流调节方法和范围

电压继电器的线圈并联时，匝数为串联时的 1/2，动作电流为串联时的 2 倍，阻抗为串联时的 1/4。线圈并联时，整定电压是串联时的 1/2。反之，其线圈串联时，整定电压是并联时的 2 倍。

三、时间继电器

在继电保护装置中，往往为了保护选择性的需要，保护动作及信号的发出需要一定的延时。时间继电器的作用就是用来建立保护装置所需要的时间，实现延时功能。

（一）时间继电器的结构

时间继电器的结构如图 2-9 所示。

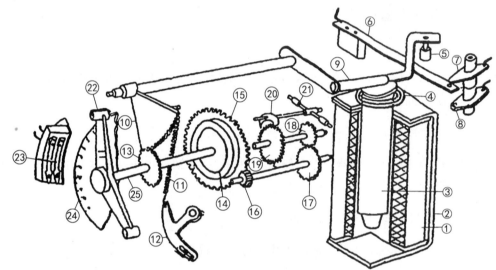

1—线圈；2—磁路；3—衔线；4—返回弹簧；5—轧头；6—可动瞬时切换触点；7、8—固定瞬时切换触点；9—曲柄；10—扇形齿轮；11—主弹簧；13—齿轮；17、18—钟表机构的中间齿轮；1-9—摆齿轮；20—摆卡；21—平衡锤；22—延时动触点；23—延时静触点；24—标度盘；25—主轴。

图 2-9　DS-110 型时间继电器的结构图

（二）时间继电器的符号

时间继电器的符号如图 2-10 所示。在时间继电器线圈是按短时接入额定电压设计而线圈承受额定电压的时间较长的情况下，为了避免线圈过热，可按图 2-10（b）所示的接法给线圈串入一个附加电阻 R。

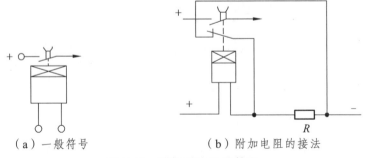

（a）一般符号　　　　　　　（b）附加电阻的接法

图 2-10　时间继电器的符号

附加电阻 R 的作用：串入线圈电路，使线圈电流减小，防止线圈过热烧坏。

四、信号继电器与中间继电器

（一）信号继电器

1. 用　　途

信号继电器在继电保护装置动作时给出有关保护动作的信号。

2. 结构及工作原理

图 2-11 所示为 DX-11 型信号继电器的结构。

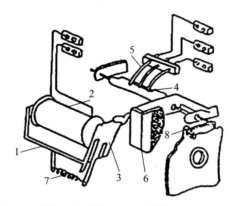

1—铁心；2—线圈；3—衔铁；4—可动触点；5—固定触点；
6—信号掉牌；7—弹簧；8—复归手柄。

图 2-11　DX-11 型信号继电器结构图

当电流通过线圈（2）时，衔铁（3）被铁心（1）吸引，信号掉牌（6）因一端失去支持而落下，停留在水平位置。同时，与信号掉牌相连的轴随着转 90°角，使固定在转轴上的动触点（4）与静触点（5）接触，从而接通灯光或音响信号回路。

变电所值班人员查看信号掉牌的位置，可确认是哪一种保护装置动作。确认后用手转动复归手柄，将信号掉牌复归，为下一次动作做准备。

典型的信号继电器除 DX-11 型以外，还有 DX-31、DX-32 型。DX-31 型信号继电器的机械指示装置不是采用掉牌，而是利用弹簧将指示装置弹出，复归时用手按下即可。DX-32 型信号继电器具有灯光信号，由电压线圈保持，电动复归。

（二）中间继电器

1. 作　　用

中间继电器是一种辅助继电器，其作用是增加触点数量和增大触点容量。

2. 结构及工作原理

图 2-12 所示为 DZ 型中间继电器的结构。

线圈中通电流时会产生电磁力。当电磁力足够克服弹簧的反作用力时，衔铁被铁心吸合，带动常开触点闭合、常闭触点断开。

当线圈中无电流时，电磁力消失，弹簧的反作用力使衔铁返回，带动常开触点断开、常闭触点闭合。

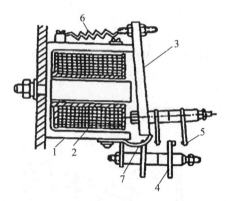

1—铁心；2—线圈；3—衔铁；4—固定触点；5—动触点；
6—弹簧；7—衔铁行程限制器。

图 2-12　DZ 型中间继电器

3. 接线方法

中间继电器的触点较多，当同时需要控制多个回路时，可利用中间继电器来实现，如图 2-13 所示。

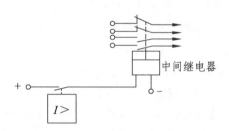

图 2-13　用中间继电器扩大触点数量

第三节　继电保护测试仪的使用

一、昂立继电保护测试仪

ONLLY 系列计算机自动化测试调试（继电保护）系统是参照中华人民共和国电力行业标准《继电保护微机型试验装置技术条件》（DL/T624—1997），可以独立完成继电保护、励磁、计量、故障录波等专业领域内的装置和元器件测试调试，广泛适用于电力、铁路、石化、冶金、矿山、军事、航空等行业的科研、生产和电气试验现场。

（一）面板介绍

ONLLY 系列测试仪的面板大致相同，在此仅作定性说明，如图 2-14 所示。不同型号具体的面板说明详见出厂时的硬件技术资料。

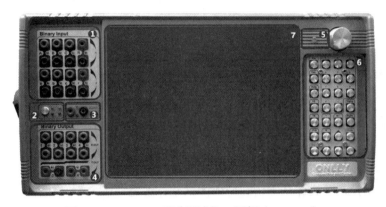

图 2-14　LNLLY 系列测试仪正面板（AD461）

下面以 AD461 为例具体说明。

1. Bianry Input（开入量）

（1）有 8 对开入量。

（2）开入量可以接空接点，也可以接 0 ~ 250 V 的带电位接点，如图 2-15 所示。

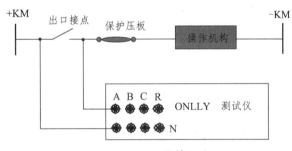

图 2-15　开入量接入点

一般地，A、B、C 分别连接保护的跳 A、跳 B、跳 C 接点，R 连接保护的重合闸接点。

（3）A、B、C、a、b、c 6 个开入量公共端（黑色）连接控制开关。

① 绿灯亮时，表示 6 个公共端之间是相互隔离的；

② 红灯亮时，表示 6 个公共端之间是导通的。

2. Bianry Output（开出量）

（1）4 对空接点，2 对快速开出。

（2）为空接点，接点容量 250 V/0.5 A，其断开、闭合的状态切换由软件控制。

（3）AUX DC 100 mA：快速开出量的辅助直流电压（10 V 左右，回路电流 < 100 mA）。

3. RUN（程序运行灯）

4. 键　盘

（1）1、2、3、4、5、6、7、8、9、0、·：数字输入键。

（2）+、−：为数字输入键时，作"+""−"号用；试验时，作增加、减小控制键使用，详见相应的测试软件。

（3）BkSp：退格键，用于数字输入时，退格删除前一个字符。

（4）Enter：确认键。

（5）Esc：取消键。

（6）PgUp、PgDn：上、下翻页键。

（7）↑、↓、←、→：上、下、左、右光标移动键。

（8）Tab：切换键，具体功能由相应的测试软件设定。

（9）Help：帮助键。

（10）Start：开始试验的快捷键。

（11）F5、F8、F10：试验过程中的辅助按键，具体功能由相应的测试软件设定。

5. 液晶显示屏

1）Voltage Output（电压输出）

一般地，Ua、Ub、Uc 分别对应 A、B、C 三相电压，第 4 路电压 U_x 的输出方式由软件设定。Un 为电压接地端子（4630G 4 个黑色端子内部均相通）。Ma、Mb、Mc 为电压小信号输出，Mn 为小信号电压接地端子。

2）Current Output（电流输出）

一般地，Ia、Ib、Ic 分别对应 A、B、C 三相电流，In 为电流接地端子（Ia、Ib、Ic 任意两并或三并输出大电流时，建议将两个 In 端子并联输出）。AD461 有两组电流输出 Ia、Ib、Ic 和 Ix、Iy、Iz。

3）AUX-DC（辅助直流电压输出）

辅助直流电压输出可选择 110 V 或 220 V 直流电压输出。

（二）注意事项

1. 启动测试仪前须确认事项

（1）测试仪可靠接地（接地线端孔位于电源插座旁）。

（2）绝对禁止将外部的交直流电源引入测试仪的电压、电流输出插孔。

（3）工作电源误接 380 V AC 将有长期音响告警。

2. 开始试验前须确认事项

单相电流超过 15 A 时，按 F5 或根据提示能选择切换到重载输出。

（三）操作步骤

（1）关闭所有与测试仪连接的电源。

（2）利用专用测试导线：

① 将测试仪的电压、电流输出端子接至被测试的保护屏或其他装置。

② 将被测试保护屏或其他装置上的动作出口接点引回测试仪相应的开入端子。

（3）开启电源开关，启动测试仪，此时液晶屏显示如图 2-16 所示。

利用↑、↓键移动光标，按"Enter"选择所要求的测试仪运行方式。

① 脱机运行：测试仪脱机独立运行，使用内置的工控测试软件进行试验操作，测试结果将直接存储在内置硬盘中。该方式省去了外接计算机的接线，以及计算机和测试仪之间的连接，比较适合现场空间狭小的测试场所。

图 2-16　液晶屏显示

② 外接 PC 机控制（单机）：选择该方式时，测试仪内的工控软件将自动退出，测试仪完全由外接的 PC 机控制。

（a）根据提示，选择测试仪和外接 PC 机的通信端口：串口 COM1、通用串行总线 USB、网络通信 LAN，一般选择"网络通信 LAN"连接。屏幕显示提示：外接 PC 控制——请确认 IP 地址。

（b）启动外接 PC 机内的 ONLLY 测试软件的 WINDOWS 版本，根据需要进行操作，如工控机软件上传、工控机软件升级等，双击相应的图标，即可进入相关子菜单界面，若子菜单界面显示"Welcome to ONLLY"，表示上下联机成功，否则将出现"联机失败"（注：一旦出现"联机失败"，请确认连接线端口选择是否正确，连接是否可靠，然后用鼠标点击界面上方的"联机"菜单或图标按钮，尝试重新联机）。

③ 外接 PC 机控制（多机同步，LAN）：自带多机同步输出功能，能同时输出几十路甚至上百路的可控制的模拟量。

④ 关机：测试仪进入屏幕保护状态。

（四）软件测试功能

（1）电压/电流：测试电压、电流、功率方向、中间继电器等各类交直流型继电器的动作值、返回值，以及灵敏角等。

本菜单同时也是整套测试软件中最基本的菜单，最多可同时提供 6 路电压、6 路电流。手控试验方式下，各路电压电流的幅值、角度和频率可以任意调整。

（2）时间测试：测试电压、电流、功率方向、中间继电器等各类交直流型继电器的动作时间，以及阻抗继电器的记忆时间等。

（3）频率/滑差试验：测试频率继电器、低周/低压减载装置等的动作值、动作时间，以及滑差闭锁特性。

（4）谐波叠加：测试谐波继电器的动作值、返回值，各相电压、电流可同时叠加直流、基波，以及 2~20 次谐波信号。

（5）波形回放：将 COMTRADE 标准格式的录波文件通过测试仪进行波形回放，实现故障再现。

（6）状态序列：用户自由定制的试验方式，程序提供了 50 种测试状态，所有状态均可以由用户自由设置，状态之间的切换由时间控制、按键控制、GPS 控制或开入接点控制。各状态下 4 对开出量的开合能自由控制，可用于模拟保护出口接点的动作情况，尤其方便故障录波器的独立调试。

（7）整组试验：测试线路保护的整组试验，可模拟瞬时性、永久性、转换性故障，以及多次重合闸等。可进行双端线路保护的 GPS 对调，如高频保护、光纤纵差保护等。

（8）线路保护定值校验：测试距离、零序、过流、负序电流，以及工频变化量阻抗等线路保护的定值校验，定性分析保护动作的灵敏性和可靠性。

（9）功率振荡：以单机对无穷大输电系统为模型，进行双端电源供电系统振荡模拟。主要用于测试发电机的失步保护、振荡解列装置等的动作特性，以及分析系统振荡对距离、零序等线路保护动作行为的影响等。

（10）差动保护：测试发电机、变压器、发变组，以及电铁变压器等的差动保护的比例制动特性曲线和谐波制动特性等。

（11）自动准同期：测试同期继电器或自动准同期装置的动作电压、动作频率和导前角（导前时间）等，也可以进行自动调整试验。

（12）计量仪表：校验交流型电压表、电流表、有功功率表、无功功率表及变送器等计量类仪表。

（13）阻抗/方向型继电器：测试阻抗/方向型继电器的动作值、返回值、灵敏角，以及动作边界特性、精工电流、精工电压等。

（14）反时限继电器特性：用于反时限继电器的动作时间特性测试，包括 $i\text{-}t$ 特性、$u\text{-}t$、$f\text{-}t$、$u/f\text{-}t$ 特性，以及 $z\text{-}t$ 特性。

（15）常规继电器测试：用于进行单个常规继电器（如电压、电流、功率方向、时间、中间及信号继电器等）的元件测试，可以完成动作值、返回值、灵敏角及动作时间等的测试。

（16）地铁直流牵引保护：用于地铁直流保护的功能测试，包括 I_{ds} 速断、I_{max} 保护、ΔI 增量保护、DDL 保护、低电压保护等。

（五）关　机

（1）实验结束之后，按 ESC 键退出软件功能面板，再按下退出功能键，然后按下电源键。

（2）使用结束之后，先关闭昂立系列微机型继电保护测试仪器和投入装置的电源，然后再拔除接在装置上的测试线。

（3）拔除接地线。

（4）将昂立微机型继电保护测试仪电源线和专用测试线置于配套的箱子中，以便下次使用。

注意：不可以直接按下电源键关闭装置，这样会大大缩短装置的使用寿命。

思考与练习

一、填空题

1. 互感器的作用可以概括为_____和_____。
2. 互感器按照用途分有_____和_____。
3. 中间继电器的作用是为了增加_____和增大_____。
4. 电流互感器正常工作时，二次侧接近于_____状态。
5. 电流继电器是反应_____而动作的继电器。
6. 反应电压降低而动作的保护称为_____。
7. 电磁式继电器是利用电磁铁的_____与_____间的吸引作用而工作的继电器。
8. 运行中应特别注意电流互感器二次侧不能_____，电压互感器二次侧不能_____。
9. 互感器一、二次绕组的同极性端子标记通用_____为同极性。
10. 继电器的_____与_____之比，称为返回系数。

二、判断题

1. 在正常工作范围内，电流互感器的二次电流随一次负荷的增大而明显减小。（　　）
2. 为防止电压互感器一、二次短路的危险，一、二次回路都应该装有熔断器。（　　）
3. 电压互感器在连接时端子极性不能错接，否则会造成计量出错或继电保护误动作等后果。（　　）
4. 电流互感器的二次侧开路，会使测量继电保护工作无法正常进行。（　　）
5. 电流继电器的返回系数小于1，而欠压继电器的返回系数大于1。（　　）

6. 电流继电器线圈并联时通过的电流比串联时增加一倍。　　　　　（　　）

7. 时间继电器是在保护和自动装置中用于机械保持和手动复归的动作指示器。（　　）

8. 对于欠压继电器，当测量电压升高时，电磁力增加，使衔铁返回，常闭接点处于闭合状态，成为继电器动作。　　　　　　　　　　　　　　　　　　　　（　　）

三、选择题

1. 某电磁式电流继电器在其线圈并联时的动作电流为 10 A，当线圈串联时的动作电流为（　　）。

    A. 5 A   B. 10 A   C. 20 A   D. 2.5 A

2. 下列符号中，（　　）表示时间继电器。

    A. KA   B. KS   C. KT   D. KM

3. 互感器二次侧应有安全可靠的接地，其作用是（　　）。

    A. 便于测量时形成回路

    B. 以防互感器一、二次绕组绝缘破坏时，高电压对二次设备及人身的危害

    C. 泄漏雷电流

4. 继电器按其结构形式分类，目前主要有（　　）。

    A. 测量继电器和辅助继电器

    B. 电流型和电压型继电器

    C. 电磁型、感应型、整流型和静态型

    D. 启动继电器和出口继电器

四、简答分析题

1. 简述电磁式继电器的基本工作原理。

2. 继电保护装置用互感器的二次侧为什么要可靠接地？

3. 说明中间继电器的作用。

4. 电流互感器在运行中为什么要严防二次侧开路？电压互感器在运行中为什么要严防二次侧短路？

5. 信号继电器的特点是什么？

6. 绘制一个利用电流互感器测量交流回路电流大小的电路图。

五、计算题

1. 某变电站的母线 PT 变比为 110 kV/100 V，在 PT 二次侧测得电压为 104 V，问母线的实际电压是多少。

2. 某变电站的一条出线，盘表指示电流为 320 A，从 CT 二次侧测得电流为 4 A，这条线路的 CT 变比是多少。

第三章　电网的相间短路保护

【学习目标】

（1）掌握过电流保护的组成、工作原理、整定及校验方法。
（2）掌握三段式电流保护的含义及整定方法。
（3）理解电流保护的接线方式及其适用场合。
（4）掌握电压保护的概念及基本原理。

第一节　电流保护

一、过电流保护原理

（一）过电流保护的含义

过电流保护是指其动作电流按避免最大负荷电流整定，用适当的延时保证动作选择性的电流保护装置。

（二）过电流保护的组成和基本原理

过电流保护的原理如图 3-1 所示。

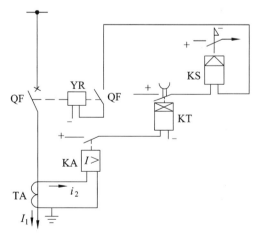

KA—电流继电器；KT—时间继电器；KS—信号继电器；
TA—电流互感器；QF—断路器；YR—跳闸线圈。

图 3-1　过电流保护单相原理接线图

正常情况下：I_1 较小→i_2 较小→KA 不动作（其触点断开）→后面的 KT、KS 均不动作。

被保护设备发生短路时：$I_1 \uparrow$→$i_2 \uparrow$→KA 动作（其触点闭合）→KT 动作（经过时限 Δt，其触点闭合），一方面 YR 受电→QF 跳闸；另一方面 KS 线圈受电—动作（其触点闭合）→发出保护动作信号。

（三）过电流保护的时限配合

时限配合的目的是为了保证保护动作的选择性。

图 3-2 所示为过电流保护的时限图。设动力用户处保护的时限为 t_1，则动力馈电线断路器 QF 处的保护时限 t_{II} 应比 t_1 大 Δt，以便当用户处发生短路时用户的保护先动作，把故障切除，QF_{11} 处的保护不至于发生非选择性的动作。同理，动力变原边断路器 QF_{12} 处的过电流保护的时限 t_{III} 应比动力馈线断路器 QF_{10} 处的过电流保护的时限 t_{II} 大 Δt。

Δt 的数值是根据断路器的跳闸时间、时间继电器的时间误差和一定的裕度时间确定的。断路器的跳闸时间为 0.05~0.15 s。时间继电器的时间误差为 ±0.05 s，当较远的一级时限为正误差（偏大）、较近的相邻一级时限为负误差（偏小）时，时间继电器的时间总误差为 0.1 s。裕度时间取 0.1~0.15 s，所以 Δt 一般取 0.3~0.5 s。为了减小时限级差 Δt，应当采用快速动作的断路器，并设法减小时间继电器的时间误差。如图 3-2 所示的时限特性在整定好之后是固定不变的，因此叫作定时限保护。

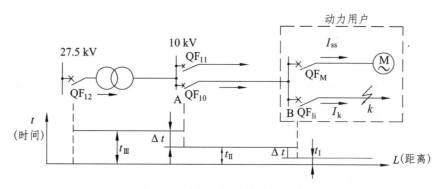

图 3-2　过电流保护的时间配合

二、过电流保护的整定校验

（一）过电流保护的整定原则

（1）在正常运行情况下过电流保护不应动作，保护装置的动作电流 I_{act} 必须大于最大负荷电流 $I_{L.max}$。

（2）外部短路故障被切除后，保护装置应能返回。

（3）保护范围内发生短路时，保护装置应灵敏动作。

（二）过电流保护的整定计算

1. 过电流保护装置的动作电流 I_{act}

$$I_{act} = \frac{K_{REL} K_{SS}}{K_R} I_{L.max} \text{（A）} \tag{3-1}$$

式中　　K_{REL}——可靠系数，考虑到电流继电器动作电流的误差、负荷电流和自启动电流取值的近似性，一般为 1.1～1.2，通常取 1.2；

K_{SS}——自启动系数，其数值由电网具体接线与负荷性质确定，一般取 1.5～3，但在无高电压大功率电动机时可取 1；

K_R——过电流保护装置的返回系数，应为 0.85～0.95，通常取 0.85；

$I_{L.max}$——被保护设备最大负荷电流（A）。

2. 过电流保护的校验灵敏系数 K_{sen}

为了满足整定原则（3），过电流保护装置动作电流确定后必须校验灵敏系数。为了在最不利的情况下保护装置也能动作，必须按最小运行方式下保护范围末端发生金属性两相短路来校验灵敏系数，即

$$K_{sen} = \frac{I_{k.min}^{(2)}}{I_{ACT}} \tag{3-2}$$

式中　　$I_{k.min}^{(2)}$——最小运行方式下保护范围末端两相短路电流（A）。

作为主保护时，一般要求 $K_{sen} \geq 1.5$；对于铁路电力，如果线路过长（自动闭塞和贯通电力线路），可取 $K_{sen} \geq 1.25$。作为下一段线路的远后备保护时，还应以下一段线路末端最小两相短路电流来校验灵敏系数，并要求 $K_{sen} \geq 1.2$。之所以这样要求，是因为考虑到下列因素对保护动作存在不利影响。

（1）短路点往往存在过渡电阻，短路电流实际值小于计算值。

（2）电流互感器在流过短路电流时变换误差增大。

（3）继电器动作值误差等。

三、电流速断保护

（一）电流速断保护的含义

过电流保护的时限是按阶梯时限特性构成的，如图 3-2 所示。因此，靠近电源的保护时限很长，往往不能满足快速动作的要求，在选择性与速动性之间产生了矛盾。为了解决这个问题，就提出了电流速断保护。

如图 3-3 所示，短路点离电源越近，短路电流越大，可利用这一特点来构成保护。设最大运行方式时，母线 B 三相短路时的电流为 $I_{kB.max}$，取保护 2 的动作电流稍大于 $I_{kB.max}$ 则 A—B 段短路时保护 2 可以动作，而在母线 B 及更远处发生短路时保护 2 不会动作。这样，就利用动作电流的不同保证了选择性，保护装置就可以不带动作时限。这种动作电流按避免保护范围末端最大三相短路电流整定，不带动作时限的电流保护叫作电流速断保护。

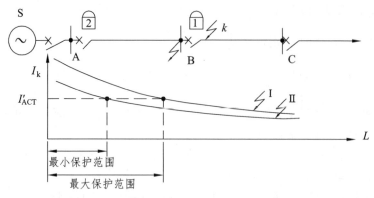

图 3-3　电流速断保护范围与运行方式的关系

（二）电流速断保护的整定计算

（1）动作电流 I'_{ACT} 按躲过保护范围末端的最大三相短路电流确定，即

$$I'_{ACT} = K'_{REL}I^{(3)}_{k.max} \quad （A） \tag{3-3}$$

式中　　$I^{(3)}_{k.max}$——保护范围末端的最大三相短路电流（A）；

K'_{REL}——可靠系数，一般为 1.2～1.3。

这里用大于 1 的可靠系数，是为了保证可靠的选择性。例如，在图 3-3 中，走点（紧靠断路器出口）短路时，短路电流值与母线 B 上发生短路时没有什么区别。为了保证可靠的选择性，应躲过这一电流，故保护 2 的可靠系数必须大于 1。

（2）最小保护范围按最小运行方式下被保护线路两相短路电流曲线进行校验，并要求其不得小于被保护线路全长的 15%。如果小于 15%，采用电流速断保护就没有多大意义。

（三）电流速断保护与其他保护方式配合使用

由于可靠系数 $K'_{REL} > 1$，故保护 2 不能保护 A—B 线路全长，在最小运行方式下保护范围更小，如图 3-3 所示。因此，单独用电流速断保护是不行的，它只能作为一种辅助保护与其他保护方式配合使用。当电流速断保护与过电流保护配合使用时，其原理图如图 3-4 所示。

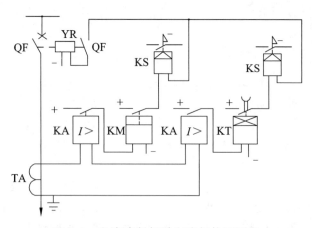

图 3-4　电流速断与过电流保护原理图

第二节　阶段式电流保护的构成与运行

一、限时电流速断保护

（一）限时电流速断保护的含义

从图 3-3 可知，电流速断不能保护线路全长，未被保护的部分发生短路时仍按过电流保护时限跳闸，因而这部分故障的切除时间可能较长。为此，可增加一套电流保护，使它的动作时限较短（只比下一段线路的电流速断保护大 Δt ），动作电流比下一段线路的电流速断保护的动作电流略大一些。这种带较短动作时限，动作电流按避免下一段线路电流速断保护的动作电流整定的电流保护叫作限时电流速断保护。

（二）限时电流速断保护的整定计算

以图 3-3 中 A 处的限时电流速断保护为例。

1. 动作电流 $I''_{\text{ACT.A}}$ ：

按下式整定

$$I''_{\text{ACT.A}} = K''_{\text{REL}} I'_{\text{ACT.B}} \text{（A）} \tag{3-4}$$

式中　$I'_{\text{ACT.B}}$——B 处电流速断保护的动作电流（A）;

　　　K''_{REL}——可靠系数，一般为 1.1 ~ 1.2。

2. 灵敏系数 K_{sen}

以本线路末端的最小两相短路电流来校验（因为它的主要任务是用来较快地切除电流速断未保护到的部分）。

$$K_{\text{sen}} = \frac{I^{(2)}_{\text{k.min.B}}}{I''_{\text{ACT.A}}}$$

式中　$I^{(2)}_{\text{k.min.B}}$——本线路末端（母线 B）的最小两相短路电流（A）。

要求 $I^{(2)}_{\text{k.min.B}} \geq 1.5$ ，在个别情况下允许为 1.25。

二、阶段式电流保护的构成与运行

（一）概　念

电流速断不能保护线路全长。限时电流速断虽然能保护线路全长，但不能作为下一段线路全长的后备保护。因此，还要采用过电流保护作为本线路和下一段线路全长的后备保护。

由电流速断保护、限时电流速断保护和定时限过电流保护相配合共同构成的保护，叫作三段式电流保护。其中，电流速断保护（Ⅰ段）和限时电流速断保护（电流Ⅱ段）为主保护，定时限电流保护（电流Ⅲ段）为后备保护。它可以迅速而有选择性地切除线路上的故障。装在 A 处的三段式电流保护单线原理图如图 3-5（a）所示，其时限特性如图 3-5（b）所示。

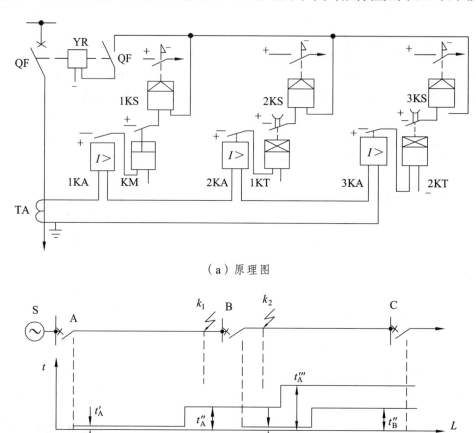

（a）原理图

（b）时限特性

图 3-5　三段电流保护

当 k_1 点发生短路时，A 处Ⅱ段保护（限时电流速断保护）动作，A 处Ⅲ段保护（定时限过电流保护）是它的近后备保护。当 k_2 点发生短路时，B 处第Ⅰ段保护（电流速断保护）动作，A 处的Ⅱ段和Ⅲ段保护是它的远后备保护。

实际上供配电线路不一定要装设三段式电流保护，而应当根据电网具体情况确定。如线路-变压器组接线，电流速断保护按照保护线路全长考虑后，可以不装设限时电流速断保护，只需要装设电流保护Ⅰ段和电流Ⅲ段即可。又如在较短线路上，电流速断保护范围很短，甚至可能没有保护范围，此时只需要装设电流Ⅱ段和电流Ⅲ段。因此应该根据具体情况，装设相对应的阶段式电流保护。

（二）三段式电流整定计算例题

如图 3-6 所示，35 kV 单侧电源的输电线路中，线路 L_1 和 L_2 均装设了三段式电流保护。已知线路 L_1 的最大负荷电流为 150 A，自启动系数 $K_{ss} = 1.5$，电流互感器的变比 $n_i = 200/5$，k_1 点的最大三相短路电流为 1 310 A，最小两相短路电流为 927 A，k_2 点的最大三相短路电流为 500 A，最小两相短路电流为 420 A，线路 L_2 的过电流时限为 $t^{\text{III}} = 1.5$ s 请对线路 L_1 保护装置进行三段式电流整定计算。（$K'_{\text{REL}} = 1.3$，　$K''_{\text{REL}} = 1.1$，　$K'''_{\text{REL}} = 1.2$）

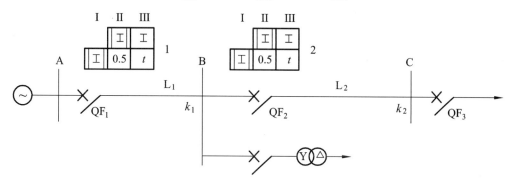

图 3-6　三段式电流保护整定计算举例

解：（1）第 I 段（电流速断保护）：

动作电流 I'_{ACT} 按躲过线路 L_1 末端的最大短路电流来整定，即

$$I'_{\text{ACT}} = K'_{\text{REL}} I^{(3)}_{k.\max} = 1.3 \times 1\ 310 = 1\ 703 \text{（A）}$$

电流继电器的动作电流为

$$I'_{\text{act.1}} = \frac{I'_{\text{ACT.1}}}{n_i} = \frac{1\ 703}{\dfrac{200}{5}} = 42.6 \text{（A）}$$

（2）第 II 段（限时电流速断保护）：

要考虑与下一线路 L_2 的第 I 段配合，故先计算出线路 L_2 第 I 段动作电流 $I^{\text{I}}_{\text{ACT.2}}$，再计算出线路 L_1 的第 II 段动作电流 $I^{\text{II}}_{\text{ACT.2}}$

$$I'_{\text{ACT.2}} = K'_{\text{REL}} I^{(3)}_{k2.\max} = 1.3 \times 500 = 650 \text{（A）}$$

$$I''_{\text{ACT.1}} = K''_{\text{REL}} I'_{\text{ACT.2}} = 1.1 \times 650 = 715 \text{（A）}$$

电流继电器的动作电流为

限时电流速断保护的灵敏系数为

$$K_{\text{sen}} = \frac{I^{(2)}_{k1.\min}}{I''_{\text{ACT.1}}} = \frac{927}{715} = 1.3 > 1.25$$

灵敏系数满足要求

（3）第 III 段（定时限过电流保护）：

过电流保护的动作电流为

$$I_{\text{ACT}.1}''' = \frac{K_{\text{REL}}''' K_{\text{SS}}}{K_{\text{RE}}} I_{\text{L.max}} = \frac{1.2 \times 1.5}{0.85} \times 150 \approx 318 \ （\text{A}）$$

电流继电器的动作电流为

作本线路近后备的灵敏系数

$$K_{\text{sen}} = \frac{I_{\text{K1.min}}^{(2)}}{I_{\text{ACT}}'''} = \frac{927}{318} = 2.9 > 1.5$$

灵敏系数满足要求

作相邻下一线路远后备的灵敏系数

$$K_{\text{sen}} = \frac{I_{\text{K2.min}}^{(2)}}{I_{\text{ACT}}'''} = \frac{420}{318} = 1.32 > 1.2$$

灵敏系数满足要求

动作时限应与相邻下一线路的过电流保护的动作时限配合即

$$t_1^{\text{III}} = t_2^{\text{III}} + \Delta t = 1.5\text{s} + 0.5\text{s} = 2 \ （\text{s}）$$

三、电流保护的接线方式

所谓电流保护的接线方式，是指电流互感器与电流继电器之间怎样连接。

（一）三相星形接线

如图 3-7 所示，三相的电流互感器二次线圈接成星形，三相的电流继电器线圈也接成星形，电流互感器星形中性点与电流继电器星形中性点连接。每相电流互感器二次线圈的另一端与每相电流继电器线圈的另一端对应连接。

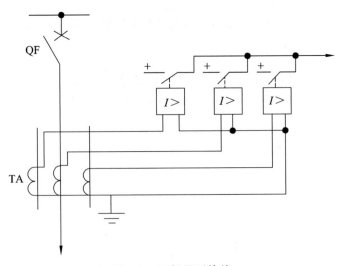

图 3-7　三相星形接线

三相的电流继电器触点并联，任何一个电流继电器动作，都可以使后面的时间继电器或中间继电器动作，引起断路器跳闸，信号继电器发出保护动作的信号。当发生任何形式的相间短路时，最少有两相流过短路电流，有两个继电器同时动作。可见，三相星形接线方式作为相间短路保护是可靠的。在中性点直接接地系统中，发生单相接地时，有一相流过短路电流，对应的一相继电器动作。因此，在中性点直接接地系统中，这种接线方式还可以兼作接地保护。三相星形接线比较复杂，使用的电流互感器、继电器较多，主要用于重要设备的保护中。

（二）两相星形接线

如图 3-8 所示，通常电流互感器和电流继电器都装在 A、C 两相。在两相或三相短路时，最少有一相流过短路电流，因此最少有一个继电器动作。这种接线方式能满足相间短路保护的要求，接线简单，在 10 kV 及以下电压等级的电网中应用很广。

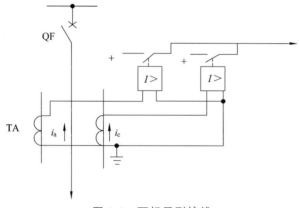

图 3-8 两相星形接线

（三）两相差电流接线

如图 3-9 所示，继电器中流过的电流是两相电流之差，即 $i_k = i_a - i_c$。不同短路情况下流过继电器的电流与流过电流互感器二次侧的电流有不同的关系。

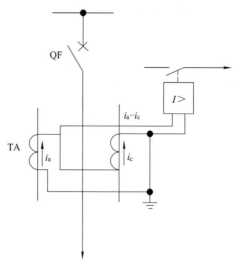

图 3-9 两相差电流接线

四、6/10 kV 动力馈电线保护

变电所和配电所一般都是由 6/10 kV 线路向附近的工农业电力用户供电。由于线路简单，一般采用电流速断保护和过电流保护即可满足要求。

（一）接线图

继电保护装置的接线图是制造、安装和运用维修保护装置的依据。因此，熟练地阅读和绘制保护装置接线图，是一项十分重要的基本技能。

保护装置的接线图通常分为原理接线图、展开接线图和安装接线图等。这里以 6/10 kV 动力馈电线保护装置为例，简述原理接线图和展开接线图。

由于 6/10 kV 系统中性点不接地，电流速断和过电流保护装置是用作相间短路保护的，故采用两相星形接线。

1. 原理接线图

原理接线图中，各电气元件都以完整的图形符号表示，各继电器的触点与线圈都绘制在一起，与继电保护装置有关的一次设备也绘制在一起，看起来比较直观，能够使人对整套保护装置各元件间的电气联系和动作原理有一个整体的概念。但是当元件较多、接线较复杂时，这种图绘制很麻烦，连接线纵横交错，头绪较多，条理不清，而且没有继电器等内部接线，反而不利于看图，难以进行电路的分析和检查。因此，原理接线图在设计中和现场应用并不广泛。

2. 展开接线图

展开接线图中，继电器和其他电器都不作为完整的元件绘制出来，而是将它们的线圈和触点按其所能通过的电流性质分别表示在交流回路和直流回路。对属于同一种类（交流或直流，电流或电压）回路的各个分支、同一分支中的各个元件，都力求按照它们在工作时的动作顺序，从左到右或自上而下地依次排列。属于同一元件的线圈和触点用相同的字母符号表示。线圈和触点等两端标注接线端子编号，连接线标注回路编号，图右侧附有文字说明。展开接线图结构简单，层次分明，便于察看和进行电路的分析、检查，因而应用很广。

3. 由原理接线图绘制展开接线图的方法

（1）绘制交流回路。从电流互感器 TA、二次线圈一个端子开始，分别经过电流继电器 1KA 和 3KA、2KA 和 4KA 的线圈及中性线，而回到 TAa、TAc 二次线圈的另一个端子。

（2）绘制直流回路的操作电路。将属于同一回路的各个组成部分，从" + "极开始，按电流流经的顺序连接起来，直到" – "极。

例如：

　+→1KA 常开触点→1KS 线圈→1XB→KME 电压线圈→－；

　+→2KA 常开触电

　+→KT 延时常开触点→2KS 线圈→2XB

　+→3KA 常开触点→KT 线圈→电阻 R→－；

　+→4KA 常开触点　　　　　KT 瞬时切换触点→－；

　+→KME 常开触点和电流线圈→3XB→QF 常开触点→YR 线圈→－。

（3）绘制直流回路的信号电路。

　+→1KS 常开触点→给信号；

　+→2KS 常开触点→给信号。

这样就形成许多"行"，各"行"按动作顺序由上到下排列，即组成整个展开图。

（二）整定与校验

（1）必需的已知量：被保护线路的最大负荷电流 $I_{\text{L.max}}$、末端最大三相短路电流 $I_{\text{k.max}}^{(3)}$、最小两相短路电流 $I_{\text{k.min}}^{(2)}$、电流互感器电流比 n_i。

（2）电流速断保护装置的动作电流 I'_{ACT} 按式（3-3）确定，电流继电器的动作电流 $I'_{\text{act}} = \dfrac{I'_{\text{ACT}}}{n_i}$。

（3）过电流保护装置的动作电流 I_{ACT} 按式（3-1）确定，灵敏系数 K_{sen} 按式（3-2）校验，电流继电器的动作电流 $I_{\text{act}} = \dfrac{I_{\text{ACT}}}{n_i}$。

第三节　电流方向保护

一、方向保护的基本原理

（一）采用方向保护的必要性

前面所述的电流保护和电压保护，都是以单侧电源为基础进行分析的。为了保证各保护之间的选择性，过电流保护靠时限不同来满足，电流速断保护靠不同的动作电流值来满足。经过合理的整定计算，上述几种保护配合使用一般能满足单侧电源供电线路的要求。

但是，对于双侧电源供电或环形供电网络，上述保护还不能满足选择性的要求。如图 3-10 所示，图中箭头为功率的方向。在仅仅采用过电流保护的情况下，如果 QF_6 处的保护时限小于 QF_5 处的保护时限，那么 k_3 点短路时，QF_6 将比 QF_5 先跳闸。同理，如果 QF_5 处的保护时限小于 QF$_6$ 处的保护时限，那么 k_4 点短路时，QF$_5$ 将比 QF$_6$ 先跳闸。如果 QF$_5$ 处、QF$_6$ 处的保护时限相同，那么 k_3 点或 k_4 点短路时，QF$_6$、QF$_5$ 将同时跳闸。可见单靠过电流保护不能保证保护动作的选择性。

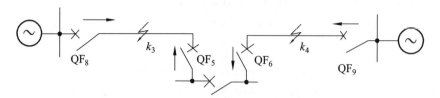

图 3-10　两侧电源供电网络中短路时的功率方向

对于双侧电源供电或环形供电的电力网，为了能保证保护动作的选择性，要求采用方向保护。

（二）功率流动的方向和解决保护动作选择性的途径

分析图 3-10 中的功率流动的方向，可得出如下的规律。

（1）当功率由母线流向线路（规定为正方向）时，保护应该动作，如 k_3 点短路时 QF$_5$ 应该跳闸。

（2）当功率由线路流向母线（规定为反方向）时，保护不应该动作，如 k_3 点短路时 QF$_6$ 不应该跳闸。

因此，如果电流保护增加一个反映功率方向的元件，就能实现方向电流保护，有效地解决动作选择性问题。这个元件就是功率方向继电器。

（三）方向过电流保护原理图

在过电流保护的基础上增加功率方向继电器，就构成方向过电流保护，如图 3-11 所示。功率方向继电器由电压互感器和电流互感器供电。只有在功率方向继电器和电流继电器都动作后，才能启动时间继电器，引起断路器跳闸。而功率方向继电器只有当功率由母线流向线路时才能动作。

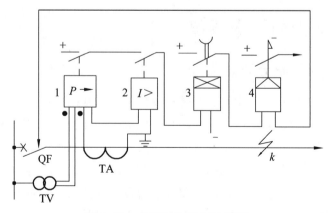

图 3-11　方向过电流保护原理

（四）为什么判别短路点方向要用功率关系

因为交流电流的方向每半周变换一次，如果正半周电流由母线流向线路，负半周就由线路流向母线，没有固定不变的方向。但是交流电流与交流电压的相位关系则随着短路点方向的不同而有相应的固定关系。

如图 3-12 所示，当 k 点短路时，加到功率方向继电器 1 的电压 U_k 与电流 I_{k1} 间的相位角为 $\varphi_k < 90°$，φ_k 由线路的阻抗角决定。加到功率方向继电器 2 上的电压与 U_k 相同，但电流 I_{k2} 不是由继电器 2 的对应端流入，而是由其对应端流出。与继电器 1 比较，加到继电器 2 的电压 U_k 与电流 I_{k2} 之间的相位角为 $\varphi_k + 180°$。所以，继电器 1 测量的是正功率，因而动作；继电器 2 测量的是负功率，因而不动作。

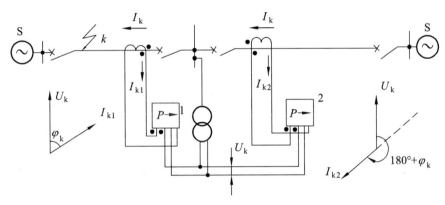

图 3-12　电流与电压的相位关系

当母线另一方向短路时，上述电流与电压的相位关系正好相反。因此，交流电流与电压的相位关系是判别不同方向短路的主要依据。

二、整流型功率方向继电器

（一）工作原理

LG-11 功率方向继电器的原理框图如图 3-13 所示。

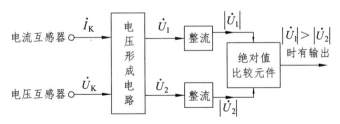

图 3-13　LG-11 功率继电器原理框图

LG-11 功率方向继电器的原理接线图如图 3-14 所示。

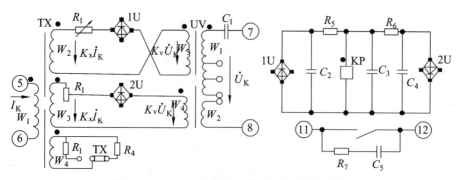

图 3-14 LG-11 功率方向继电器原理接线图

1. 电压形成回路

通过电抗变压器 TX 和转换变压器 UV 将输入的电流 $\dot{I}_K$ 和 $\dot{U}_K$ 转换为用于比较的电压 $\dot{U}_X$、$\dot{U}_V$，其中，$\dot{U}_X = K_X \dot{I}_K$，$\dot{U}_V = K_V \dot{U}_K$。

则整流桥 1U 上输入的电压 $\dot{U}_1 = U_V + \dot{U}_X = K_V \dot{U}_K + K_X \dot{I}_K$。

整流桥 2U 上输入的电压 $\dot{U}_2 = U_V - \dot{U}_X = K_V \dot{U}_K - K_X \dot{I}_K$。

2. 绝对值比较电路及执行元件 KP

对电压形成回路中形成的两个电压 $\dot{U}_1$、$\dot{U}_2$ 的绝对值进行比较，具体方法是把被比较的两个交流电气量进行整流，再把整流后的两个直流电气量进行比较，比较的结果通过执行元件来反应。

$\dot{U}_1$、$\dot{U}_2$ 分别经过整流器 1U、2U 后，进行直流电压大小（即绝对值）的比较。$\dot{U}_1$ 为动作量、$\dot{U}_2$ 为制动量。

当 $|\dot{U}_1| > |\dot{U}_2|$ 时，继电器动作，即继电器的动作条件为

$$| K_V \dot{U}_K + K_X \dot{I}_K | > | K_V \dot{U}_K - K_X \dot{I}_K |$$

当 $|\dot{U}_1| = |\dot{U}_2|$ 时，继电器处于边界状态。

当 $|\dot{U}_1| < |\dot{U}_2|$ 时，继电器不动作。

（二）动作区和灵敏角

1. 动作区

动作区指功率方向继电器的一个工作范围，当加入继电器的电压 U_K 与电流 I_K 之间的相位角 φ_K 位于此位置时，继电器能够动作。

LG-11 功率方向继电器的动作区：

（1）当接入 R_3 时，内角 $\varphi_x = 45°$，其动作区为 $-135° < \varphi_K < 45°$，如图 3-15（a）所示。

（2）当接入 R_4 时，内角 $\varphi_x = 60°$，其动作区为 $-120° < \varphi_K < 60°$，如图 3-15（b）所示。

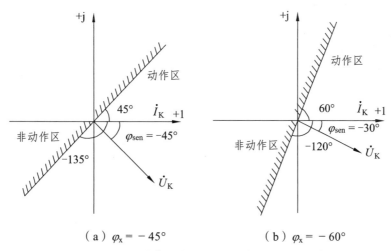

（a）$\varphi_x = -45°$ 　　　　　　　（b）$\varphi_x = -60°$

图 2-15　LG-11 功率方向继电器的动作区和最灵敏角

2. 灵敏角

加入功率方向继电器的电压 U_K 与电流 I_K 之间的相位角 φ_K 为某一角度时，$\dot{U}_X = K_X \dot{I}_K$ 和 $\dot{U}_V = K_V \dot{U}_K$ 同相位，$\dot{U}_1 = K_V \dot{U}_K + K_X \dot{I}_K$ 和 $\dot{U}_2 = K_V \dot{U}_K - K_X \dot{I}_K$ 的差值最大，继电器动作最灵敏，此时的 φ_K 叫作继电器的灵敏角，用 φ_{sen} 表示。

（1）当接入 R_3 时，内角 $\varphi_x = 45°$，其灵敏角 $\varphi_{sen} = -45°$。

（2）当接入 R_4 时，内角 $\varphi_x = 60°$，其灵敏角 $\varphi_{sen} = -30°$。

（三）电压死区和记忆电路

当在保护正向出口处发生三相短路时，$\dot{U}_K = 0$，功率方向继电器无法进行比相而拒动。上述情况下，因电压过低导致功率方向继电器拒动的区域称为功率方向继电器的"死区"。LG-11 为了克服"死区"，引入了"极化记忆回路"。注意图 3-12 中电压引入部分，C_1 与 W_1 串联谐振，保护出口短路时，电压不会立即变为零，仍"记忆"约 70 ms 以保证保护正确动作。

三、过电流功率方向保护的接线方式

所谓过电流功率方向保护的接线方式，就是采用功率方向继电器时，对于三相系统来说，继电器的电流、电压线圈与电流、电压互感器如何连接。

（一）对用作相间短路保护的过电流功率方向保护接线方式的要求

1. 功率方向继电器动作的方向性

当正方向短路时，不论是两相或三相短路，至少应有一个功率方向继电器动作，而反方向短路时功率方向继电器都不动作。

2. 功率方向继电器动作的灵敏性

正方向短路时，加入功率方向继电器的电压 U_K 和电流 I_K 应尽可能大一些，并尽可能使 U_K 和 I_K 之间的相位角 φ_K 接近电抗变压器变换系数 K_X 的相位角 φ_X，以使功率方向继电器动作灵敏。

（二）接线方式

实际应用中广泛使用的是 90°接线方式，即一个功率方向继电器的电流线圈接入某一相电流，电压线圈接入另外两相相间电压，如图 3-16 所示。三个功率方向继电器分别接入的电流、电压如下。

$$\text{KPD}_a \begin{cases} I_a \\ U_{bc} \end{cases} \qquad \text{KPD}_b \begin{cases} I_b \\ U_{ac} \end{cases} \qquad \text{KPD}_c \begin{cases} I_c \\ U_{ab} \end{cases}$$

在三相对称的情况下，每个功率方向继电器电压线圈所加的相间电压比电流线圈加入的电流所属相别的相电压滞后 90°，由此得名。如果采用两相接线，取消 b 相即可。

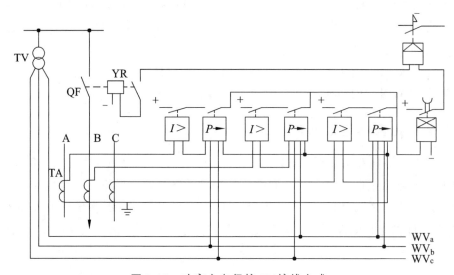

图 3-16　功率方向保护 90°接线方式

（三）工作原理

以 A 相为例分析：

A 相电流升高→KA 动作 ⎫
母线电压 ⎫   ⎬ KT 得电，延时后动作
线路电流 ⎭ →经 KP 判断为正向功率，KP 动作 ⎭

→ ⎧ KS 得电发出信号
　 ⎩ YR 得电→QF 跳闸

（四）特性分析

当采用 90°接线方式和 LG-11 功率方向继电器时，在各种短路情况下的动作特性分析如下。

1. 三相短路

因为三相短路为对称短路，三个功率方向继电器的工作条件完全相同，所以可任选其中一个进行分析。

当正方向三相短路时，KPD$_a$ 的电流 $I_{Ka} = I_a$，电压 $U_{Ka} = U_{bc}$，其相量关系如图 3-17（a）所示。U_{Ka} 与 I_{Ka} 的相位角为

$$\varphi_{Ka} = -(90° - \varphi_K) \tag{3-5}$$

式中，括号前的"－"号表示电流 I_{Ka} 超前电压 U_{Ka}。通常 $0° < \varphi_K < 90°$，故

$$-90° < \varphi_{Ka} < 0° \tag{3-6}$$

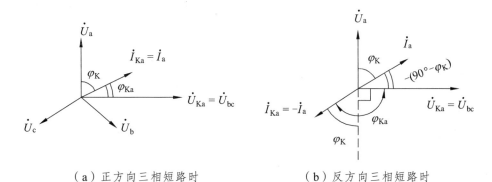

（a）正方向三相短路时　　　　　　（b）反方向三相短路时

图 3-17　正、反方向三相短路时 KPDl 电流与电压相量关系

将式（3-6）与图 3-17（a）、（b）比较，可以明显看出，φ_{Ka} 在功率方向继电器的动作区内，灵敏线附近。说明正方向三相短路时，三个 LG-11 功率方向继电器都能动作。

在绝大多数情况下，φ_K 为 65°~70°。此时，φ_{Ka} 为 −25°~−20°，接近 LG-11 功率方向继电器的最灵敏角。

当近点三相短路时，虽然三个功率方向继电器电压线圈的电压突然降为零，但仍由谐振记忆电路供给继电器动作所需要的电压，故功率方向继电器仍能可靠动作，没有电压死区。

当反方向三相短路时，功率方向继电器 KPD$_a$ 的电压 U_{Ka} 不变，电流 I_{Ka} 变为 $-I_{Ka}$，如图 3-17（b）所示。此时，U_{Ka} 与 I_{Ka} 之间的相位角 $\varphi_{Ka} = 90° + \varphi_K$，$90° < \varphi_{Ka} < 180°$，与图 3-15（a）、（b）比较，$\varphi_{Ka}$ 在非动作区范围内。说明反方向三相短路时，三个 LG-11 功率方向继电器都不会动作。

2. 两相短路

以母线附近 B-C 两相短路为例来说明，如图 3-18 所示。图中 $\dot{E}_A$、$\dot{E}_B$、$\dot{E}_C$ 为系统电源

电势，Z 为系统阻抗。此时短路电流 $\dot{I}_{\mathrm{B}} = -\dot{I}_{\mathrm{C}} = \dfrac{\dot{E}_{\mathrm{BC}}}{2Z} = \dfrac{E_{\mathrm{BC}}}{2Z}\angle\varphi_{\mathrm{K}}$，滞后的相位角为 φ_{K}；母线电压分别为 $\dot{U}_{\mathrm{A}} = \dot{E}_{\mathrm{A}}$，$\dot{U}_{\mathrm{B}} = \dot{E}_{\mathrm{C}} = \dfrac{1}{2}\dot{E}_{\mathrm{A}}$，$\dot{U}_{\mathrm{BC}} \approx 0$。

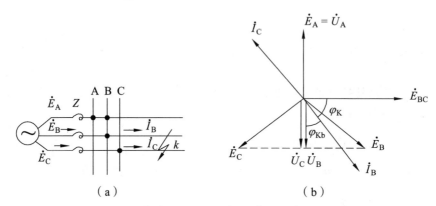

图 3-18　母线附近 B、C 两相短路时电流、电压相量

对于 KPD$_{\mathrm{a}}$，I_{Ka} 为负荷电流，$U_{\mathrm{Ka}} \propto U_{\mathrm{BC}}$。但由于 KPD$_{\mathrm{a}}$ 电压线圈记忆回路的作用，U_{Ka} 不会立即变为零，而且 U_{Ka} 与 I_{Ka} 之间的相位角 $\varphi_{\mathrm{Ka}} = -(90° - \varphi_{\mathrm{a}}) \approx -(90° - 37°) = -53°$，故 KPD$_{\mathrm{a}}$ 仍可能动作。只是由于在 a 相过电流功率方向保护装置中，负荷电流小于电流元件的动作电流，电流元件不动作。因此，即便是功率方向继电器动作，a 相保护装置也不会动作。

对于 KPD$_{\mathrm{b}}$，$U_{\mathrm{Kb}} = U_{\mathrm{ca}}$，$I_{\mathrm{Kb}} = I_{\mathrm{b}}$，$\varphi_{\mathrm{Kb}} = -(90° - \varphi_{\mathrm{K}})$；$\varphi_{\mathrm{K}}$ 为线路阻抗角，$90° < \varphi_{\mathrm{K}} < 180°$，故 $-90° < \varphi_{\mathrm{Kb}} < 0°$，$\varphi_{\mathrm{Kb}}$ 在 LG-11 功率方向继电器的动作区内。

对于 KPD$_{\mathrm{c}}$，$U_{\mathrm{Kc}} = U_{\mathrm{ab}}$，$I_{\mathrm{Kc}} = I_{\mathrm{b}} = -I_{\mathrm{c}}$，$\varphi_{\mathrm{Kc}} = -(90° - \varphi_{\mathrm{K}})$；$\varphi_{\mathrm{K}}$ 为线路阻抗角，$90° < \varphi_{\mathrm{K}} < 180°$，故 $-90° < \varphi_{\mathrm{Kc}} < 0°$，$\varphi_{\mathrm{Kc}}$ 也在 LG-11 功率方向继电器的动作区内。

说明 B、C 两相正方向短路时，KPD$_{\mathrm{b}}$、KPD$_{\mathrm{c}}$ 都能动作。而且因 U_{ca} 和 U_{ab} 都较高，所以没有电压死区。其灵敏性和反方向 B、C 两相短路时，分析方法和结论与三相短路时一样。

同理，可以分析 C、A 两相、A、B 两相短路时的情况而得到相同的结论。

第三节　电压保护

一、电压保护的概念

利用正常运行与短路状态下母线电压的差别构成的保护，叫作电压保护。电压保护所用的主要元件为电压继电器。最简单的欠电压保护接线方式如图 3-19 所示，当线路发生短路时，母线电压降低。当母线电压低于欠电压保护装置的动作电压时，欠电压继电器动作，其常闭触点闭合。

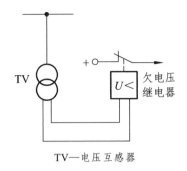

TV—电压互感器

图 3-19　电压继电器与电压互感器的连接

反应电压降低而不带时限动作的电压保护，称为电压速断保护。其整定计算可用图 3-20 说明，图中 1 为最大运行方式下的残余电压曲线，2 为最小运行方式下的残余电压曲线，3 为电压速断保护的动作电压 U'_{ACT}。按照选择性要求，U'_{ACT} 应按躲过保护范围末端 B 最小两相短路时，保护安装处母线 A 最低残余电压整定，即

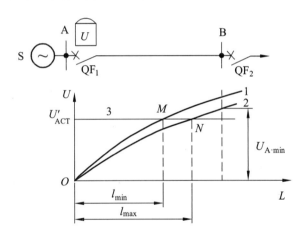

图 3-20　电压速断保护整定原理说明图

$$U'_{ACT} = \frac{U_{A \cdot min}}{K_{REL}} \ (V) \tag{2-16}$$

式中　$U_{A \cdot min}$ ——保护范围末端 B 最小两相短路时，保护安装处母线 A 最低残余电压（V）；

　　　K_{REL} ——可靠系数，一般取 1.1 ~ 1.2。

由式（3-7）可知，电压速断保护也不能保护线路 A—B 的全长。

二、欠电压保护的实际应用

电压速断保护在电力系统继电保护实际应用中通常是用于给出失压信号，而不能用来动作于跳闸。这是因为：

（1）不能保证动作的选择性。在同一母线向两回及以上线路供电的情况下，任意一回线路发生短路时母线电压都下降，可能引起全部由该母线供电的线路电压速断保护动作。

（2）当电压互感器回路断线时，因送往电压继电器的电压下降，也会引起电压速断保护装置误动作。

（一）带电流闭锁的欠电压速断保护

如图 3-21 所示，只有当电流继电器和欠电压继电器的触点同时闭合时，保护装置才能启动中间继电器而跳闸。这样就可以保证有选择地只切断故障设备。如果正常运行中发生了电压互感器回路断线，因电流继电器不动作，保护装置也不会误动作。

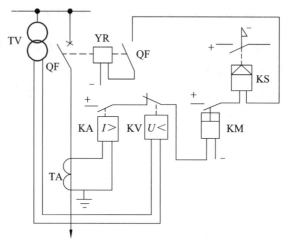

图 3-21　带电流闭锁的欠电压速断保护

整定校验：电压元件的动作电压仍按式（3-7）整定。电流元件的动作电流按保护范围末端最小两相短路时保证灵敏度整定。

（二）欠电压启动的过电流保护

如图 3-22 所示。在过电流保护中，当灵敏系数不能满足要求时，可采用欠电压启动的过电流保护方式，以提高灵敏系数。

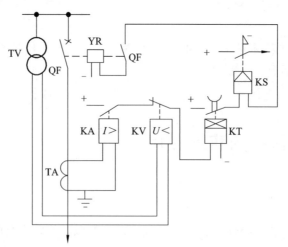

图 3-22　欠电压启动的过电流保护

增加欠电压启动元件后，只有当电流增大、电压降低到整定值时，保护装置才能动作于跳闸。因此，电流元件可以按额定电流 I_N 来整定，即

$$I_{ACT} = \frac{K_{REL}}{K_R} \cdot I_N \text{ （A）} \tag{3-8}$$

式中　　K_{REL}——可靠系数，取 1.2；

K_R——保护装置电流元件的返回系数，取 0.85。

欠电压启动元件应保证在母线最低工作电压 U_{min} 下能返回，即返回电压 $U_R < U_{min}$，引入一个大于 1 的可靠系数 K_{REL}，则

$$U_R = \frac{U_{min}}{K_{REL}} \text{ （V）}$$

又因为欠电压保护装置的返回系数（即欠电压继电器的返回系数）为

$$K_R = \frac{U_R}{U_{ACT}}$$

由以上两式可得

$$U_{ACT} = \frac{U_{min}}{K_R \cdot K_{REL}} \text{ （V）} \tag{3-9}$$

一般取 $K_{REL} = 1.2$，$K_R = 1.2$。

欠电压启动元件的动作电压就按式（3-9）整定；灵敏系数 K_{sen} 由下式计算：

$$K_{sen} = \frac{U_{ACT}}{U_{K \cdot max}}$$

K_{sen} 对主保护应不小于 1.5，对后备保护应不小于 1.2。

思考与练习

一、填空题

1. 定时限过电流保护的动作时限是按＿＿＿＿＿＿＿＿＿＿＿来选择的。

2. 瞬时电流速断保护的保护范围随＿＿＿＿＿＿和＿＿＿＿＿＿而变。

3. 本线路限时电流速断保护的保护范围一般不超过相邻下一线路的＿＿＿＿保护的保护范围，故只需带＿＿＿＿＿＿延时即可保证选择性。

4. 为使过电流保护在正常运行时不误动作，其动作电流应大于＿＿＿＿＿＿，为使过电流保护在外部故障切除后能可靠地返回，其返回电流应大于＿＿＿＿＿。

5. 为保证选择性，过电流保护的动作时限应按_____原则整定，越靠近电源处的保护，时限越_____。

6. 线路三段式电流保护中，_____保护为主保护，_____保护为后备保护。

7. 反应故障时电压降低而动作的保护称为_____保护。

8. 三段式电流保护一般由_____保护、_____保护和_____保护三部分组成。

二、判断题

1. 瞬时电流速断保护在最小运行方式下保护范围最小。 （　　）

2. 限时电流速断保护必须带时限，才能获得选择性。 （　　）

3. 三段式电流保护中，定时限过电流保护的保护范围最大。 （　　）

4. 越靠近电源处的过电流保护，时限越长。 （　　）

5. 保护范围大的保护，灵敏性好。 （　　）

6. 限时电流速断保护可以作线路的主保护。 （　　）

7. 瞬时电流速断保护的保护范围不随运行方式而改变。 （　　）

8. 三段式电流保护中，定时限过电流保护的动作电流最大 （　　）

9. 瞬时电流速断保护的保护范围与故障类型无关。 （　　）

10. 限时电流速断保护仅靠动作时限的整定即可保证选择性。 （　　）

11. 功率方向继电器能否动作，与加给它的电压、电流的相位差无关。 （　　）

12. 功率方向继电器可以单独作为线路保护。 （　　）

13. 采用90°接线的功率方向继电器，两相短路时无电压死区。 （　　）

三、选择题

1. 瞬时电流速断保护的动作电流应大于（　　　）。

　　A. 被保护线路末端短路时的最大短路电流

　　B. 线路的最大负载电流

　　C. 相邻下一线路末端短路时的最大短路电流

2. 瞬时电流速断保护的保护范围在（　　　）运行方式下最小。

　　A. 最大　　　　　　　　B. 正常　　　　　　　　C. 最小

3. 定时限过电流保护的动作电流需要考虑返回系数，是为了（　　　）

　　A. 提高保护的灵敏性

　　B. 外部故障切除后保护可靠返回

　　C. 解决选择性

4. 三段式电流保护中，（　　　）是主保护。

　　A. 瞬时电流速断保护　　　B. 限时电流速断保护　　　C. 定时限过电流保护

5. 双侧电源线路的过电流保护加方向元件是为了（　　　）。

　　A. 解决选择性　　　　　B. 提高灵敏性　　　　　C. 提高可靠性

6. 使电流速断保护有最小保护范围的运行方式为系统（　　）。
   A. 最大运行方式　　　　　　　　B. 最小运行方式
   C. 正常运行方式

7. 过电流功率方向保护采用 90°接线时，若接入的是 A 相的相电流，则应接入（　　）两相之间的电压。
   A. A、B　　　　B. B、C　　　　C. A、B　　　　D. A、N

8. 电流速断保护是按躲过本线路（　　）来整定计算。
   A. 首端两相最小短路电流　　　　B. 末端三相最大短路电流
   C. 末端两相最小短路电流　　　　D. 首端三相最大短路电流;

9. 限时电流速断保护的灵敏系数要求（　　）。
   A. 大于 2　　　　　　　　　　　B. 为 1.3 ~ 1.5
   C. 大于 1.2　　　　　　　　　　D. 大于 0.85

10. 电流保护Ⅰ段的灵敏系数通常用保护范围来衡量，其保护范围越长表明保护越（　　）。
    A. 可靠　　　　　　　　　　　B. 不可靠
    C. 灵敏　　　　　　　　　　　D. 不灵敏

11. 限时电流速断保护与相邻线路电流速断保护在定值上和时限上均应配合，若（　　）不满足要求，则要与相邻线路限时电流速断保护配合。
    A. 选择性　　　　　　　　　　B. 速动性
    C. 灵敏性　　　　　　　　　　D. 可靠性

12. 过电流保护的三相三继电器的完全星形连接方式能反应（　　）。
    A. 各种相间短路　　　　　　　B. 单相接地故障
    C. 两相接地故障　　　　　　　D. 各种相间和单相接地短路

13. 过电流保护两相两继电器的不完全星形连接方式能反应（　　）。
    A. 各种相间短路　　　　　　　B. 单相接地短路
    C. 开路故障　　　　　　　　　D. 两相接地短路

四、思考题

1. 比较阶段式电流保护第Ⅰ、Ⅱ、Ⅲ段的灵敏系数，哪一段保护的灵敏系数最高、保护范围最长？为什么？

2. 欠压保护能否直接作用于保护跳闸动作？为什么？如果需要直接作用于跳闸可以有什么改善方法？

3. 如图 3-23 所示电网中，线路 L₁ 与 L₂ 均装有三段式电流保护，当在线路 L₂ 的首端 k 点短路时，都有哪些保护启动和动作，跳开哪个断路器？

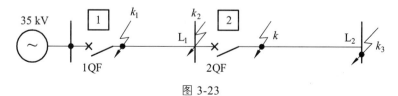

图 3-23

4. 三段式电流保护是怎么样构成的？画出其保护各段的保护范围和时限配合特性图。

5. 如图 3-24 为无限大容量系统供电的 35 kV 辐射式线路，线路 L_1 上最大负荷电流 $I_{L.max} = 220$ V 电流互感器变比选为 300/5，且采用两相星形接线，线路 L_2 上动作时限 $t_{p2} = 1.8$ s，k_1、k_2、k_3 各点的三相短路电流分别为在最大运行方式下 $I_{k1.max}^{(3)} = 4$ kA，$I_{k2.max}^{(3)} = 1\,400$ A，$I_{k3.max}^{(3)} = 540$ A，在最小运行方式下 $I_{k1.min}^{(3)} = 3.5$ kA，$I_{k2.min}^{(3)} = 1\,250$ A，$I_{k3.min}^{(3)} = 900$ A。

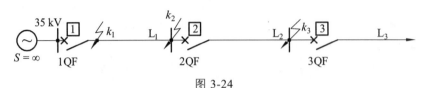

图 3-24

拟在线路 L_1 上装设三段式电流保护，试完成：

（1）计算出定时限过流保护的动作电流与动作时限（$K_{rel}^{III} = 1.2$，$K_{re} = 0.85$，$\Delta t = 0.5$ s，$K_{ss} = 2$）并进行灵敏系数校验。

（2）计算出无时限与带时限电流速断保护的动作电流，并作灵敏系数校验（$K_{rel}^{I} = 1.3$，$K_{re}^{II} = 1.15$）。

（3）画出三段式电流保护原理接线图及时限配合特性曲线。

6. 某双侧电源供电线路图 3-25 所示：

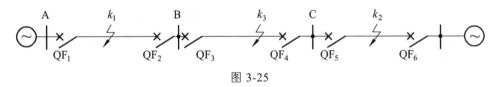

图 3-25

（1）过电流方向保护的方向是如何规定的？

（2）若为相间短路，则 k_1、k_2、k_3 点发生短路时哪些断路器允许跳闸？

第四章　电网的接地保护

【学习目标】

（1）了解零序分量参数的特点。

（2）理解零序电流滤过器和零序电压滤过器的工作原理。

（3）掌握零序电流保护的计算方法。

（4）了解中性点不接地系统单相接地故障的特点。

（5）掌握中性点不接地系统单相接地短路保护的几种情况。

第一节　中性点直接接地系统的接地保护

中性点直接接地系统若发生接地短路，将出现很大的零序电流，而在正常运行情况下它们是不存在的，因此利用零序电流来构成中性点直接接地系统接地短路的保护。

一、零序分量参数的特点

对于不对称短路，可以利用对称分量法将三相系统的电压、电流分解为正序、负序和零序分量，并根据系统接线图由各序的电势和电抗构成各序的等效电路，即序网络。

零序电流可看成是由接地短路点出现的零序电压 U_{0k} 产生的，由接地短路点流向变压器接地的中性点（由于零序电流必须通过变压器接地的中性点来构成回路，所以零序电流的大小和分布与中性点接地的变压器台数和位置有关）。

计算零序电流的等效网络如图 4-1 所示。零序电流的方向仍采用母线流向故障点为正，零序电压的方向是线路高于大地的电压为正。

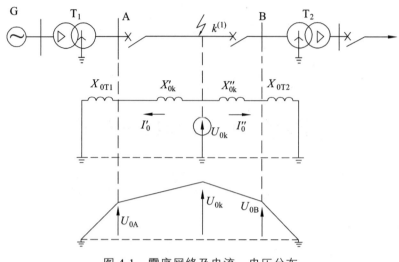

图 4-1　零序网络及电流、电压分布

由等效网络可见，零序分量的参数具有如下特点。

（1）故障点的零序电压最高，系统中距离故障点越远处的零序电压越低，到变压器中性点接地处，零序电压等于零。

（2）零序电流的分布主要决定于送电线路的零序阻抗和中性点接地变压器的零序阻抗，而与电源的数目和位置无关。例如：在图 4-1 中，当变压器 T_2 的中性点不接地时，$I_0' = 0$。

（3）对于发生故障的线路，两端零序功率的方向与正序功率的方向相反，零序功率方向实际上都是由线路流向母线的，例如，由 $k^{(1)}$ 点流向母线 A 和母线 B。

（4）从任一保护安装处的零序电压与电流之间的关系看，由于 A 母线上的零序电压 U_{0A} 实际上是从该点到零序网络中性点之间零序阻抗上的电压降，该处零序电流与零序电压之间的相位差也将由 X_{0T1} 的阻抗角决定，而与被保护线路的零序阻抗及故障点的位置无关。

（5）在电力系统运行方式变化时，如果送电线路和中性点接地的变压器数目不变，则零序阻抗和零序等效网络就是不变的。但此时，系统的正序阻抗和负序阻抗要随着运行方式而变化，正、负序阻抗的变化将引起 U_{k1}、U_{k2}、U_{k0} 之间电压分配的改变，因而间接的影响零序分量的大小。

二、零序分量滤过器

为了使继电器只受一种分量而不受其他分量的作用，需要采用一种特殊的对称分量滤过电路，它只让所需要的分量通过，而将其他分量阻挡。能够过滤出零序分量的装置称为零序滤过器。零序滤过器有零序电压滤过器和零序电流滤过器。

（一）零序电压滤过器

为了取得零序电压，通常采用如图 4-2 所示的三个单相式电压互感器或三相五柱式电压互感器构成零序电压滤过器。电压互感器的一次绕组接成星形并将中性点接地，其二次绕组接成开口三角形。对于正序或负序电压分量，三相相加为零；对于零序电压分量，三相相加不为零。因此，当发生接地短路故障时，电压互感器二次侧开口三角形输出端只有零序电压分量 $3\dot{U}_0$ 出现。

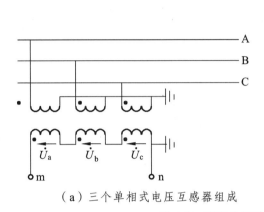 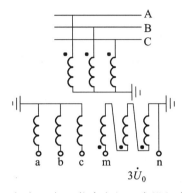

（a）三个单相式电压互感器组成　　　　（b）三相五柱式电压互感器组成

图 4-2　零序电压滤过器原理图

实际上三相系统在正常运行和发生相间短路时，由于电压互感器的误差以及三相系统对地不完全平衡，在开口三角形侧也可能有数值不大的电压输出，此电压称为不平衡电压。此外，当系统中存在三次谐波分量时，一般三相中的三次谐波电压是同相位的，因此，在零序电压过滤器的输出端也有三次谐波的电压输出。在使用中，反应零序电压而动作的继电器整定值应该考虑躲开零序电压滤过器输出端可能出现的最大不平衡电压及最大三次谐波电压。

（二）零序电流过滤器

为了取得零序电流，通常采用三相电流互感器按图 4-3 的方式将电流互感器的二次侧同极性端并联，两并联点为输出端而构成零序电流过滤器。输出端电流为三相电流之和，对于正序或负序电流分量，三相相加为零；对于零序电流分量，三相相加不为零。因此，当发生接地短路故障时，零序电流滤过器输出端只有零序电流分量 $3\dot{I}_0$ 出现。

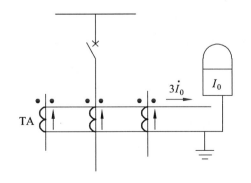

图 4-3　零序电流滤过器

三、零序电流保护

在单侧电源情况下的中性点直接接地系统中，高压输电线路常采用三段零序电流保护。其原理与三段电流保护相似，即包括零序电流速断保护、限时零序电流速断保护和零序过电流保护。三段零序电流保护的原理接线图和时限特性也与三段电流保护相似，不同的是三相的电流互感器二次侧线圈接成零序电流滤过器。零序Ⅰ段、Ⅱ段作为本线路的主保护，零序Ⅲ段作为本线路和相邻元件的后备保护。

（一）零序电流速断保护（零序1段）

1. 零序电流速断保护的整定原则

（1）躲开下一条线路出口处发生单相或两相接地短路时，可能出现的最大零序电流 $3I_{0.\max}$ ，即

$$I'_{\text{act}} = K'_{\text{rel}} \cdot 3I_{0.\max} \quad (\text{A})$$

式中　K'_{rel}——可靠系数，取 1.2 ~ 1.3。

（2）躲开断路器三相触头不同时合闸时所出现的最大零序电流 $3I_{0.\text{ns}}$ ，即

$$I'_{\text{act}} = K'_{\text{rel}} 3I_{0.\text{ns}} \quad (\text{A})$$

式中　K'_{rel}——可靠系数，取 1.1 ~ 1.2。

如果保护装置的动作时间大于断路器三相不同时合闸的时间，则可以不考虑这条件。

整定值选取其中较大者作为零序Ⅰ段保护装置的动作电流。如果按照条件（2）整定，将使启动电流过大，保护范围缩小。也可采用在合闸时，使零序Ⅰ段带有一个动作延时，以躲开断路器三相触头不同时合闸所出现的最大零序电流，就可以按照条件（1）来选择整定值。

零序电流速断保护不进行灵敏度校验，其保护范围应不小于全长的 15% ~ 20%。

零序电流速断保护的动作时限，就是相应的电流继电器和中间继电器的固有动作时间。

2. 零序电流限时速断（零序Ⅱ段）保护

零序电流限时速断保护的工作原理与相间短路限时电流速断保护一样，动作电流首先考虑和下一条线路的零序电流速断相配合，即按照躲开下一条线路零序电流速断保护范围末端接地短路时，流过本保护装置的最大零序电流整定，即

$$I''_{\text{act}} = K''_{\text{rel}} \cdot 3I'_{0.\max} \quad (\text{A})$$

式中　K''_{rel}——可靠系数，一般取 1.1 ~ 1.2。

　　$3I'_{0.\max}$——下一条线路零序电流速断保护范围末端发生接地短路时，流过本保护装置的最大零序电流。

零序电流限时速断保护的灵敏系数应按照本线路末段接地短路时的最小零序电流来校

验，并应满足 $K_{sen} \geq 15$ 的要求。当由于下一级线路比较短或运行方式变化比较大，而不能满足对灵敏系数的要求时，可以按照躲过下一条线路零序电流限时速断保护范围末端接地短路时流经本保护装置的最大零序电流来整定，动作时限也要与下一条线路的零序电流限时速断保护的动作时限相配合，即时限再抬高一级，取 $1 \sim 1.2$ s。

$$K_{sen} = \frac{3I_{0.min}}{I_{act}''}$$

零序电流限时速断保护的动作时限应与下一条线路零序电流速断保护的动作时限相配合，高出 0.5 s。

3. 零序过电流（零序Ⅲ段）保护

零序过电流保护的作用相当于相间短路的过电流保护，在一般情况下是作为后备保护用的，但在中性点直接接地电网中的终端线路上，它也可以作为主保护使用。

零序过电流保护装置的整定电流值，原则上是按照躲开下一条线路出口处三相短路时流过继电器的最大不平衡电流 $I_{unb.max}$ 来整定，即

$$I_{act}''' = K_{rel}''' \cdot I_{unb.max} \quad （A）$$

式中　　K_{rel}'''——可靠系数，取 $1.2 \sim 1.3$。
　　　　$I_{unb.max}$——最大不平衡电流。

零序过电流保护的灵敏系数，应按照相邻元件末端接地短路时，流过本保护的最小零序电流来校验。当作为本线路的后备保护时，要求 $K_{sen} \geq 2.0$；作为下一条线路的后备保护时，要求 $K_{sen} \geq 1.5$。

$$K_{sen} = \frac{3I_{0.min}}{I_{act}'''}$$

因三相线路短路时的最大不平衡电流值较小，整定的动作电流值一般都很小，在本电压级网络中发生接地短路时，它都可能启动。为了保证保护的选择性，各保护的动作时限也应按照阶梯原则来确定，如图 4-4 所示。

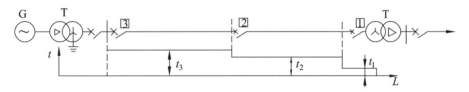

图 4-4　零序电流保护的时限特性

图中 t_1、t_2、t_3 分别表示零序过电流保护装置 1、2、3 的动作时限，因为 YN、d 连接的变压器△侧发生任何形式短路故障都不能引起高压侧的零序电流，无须考虑△侧的配合问题，因此零序过电流保护装置 1 的动作时间 t_1 可以选择为 0 s。t_2 比 t_1 高出一个时间段 Δt，t_3 又比 t_2 高出一个时间段 Δt。

第二节 中性点不接地系统的单相接地保护

在中性点不接地系统发生单相接地时，由于故障点的电流很小，且三相之间的线电压仍然保持对称，对负荷的供电没有影响，因而一般情况下允许再继续运行 1~2 h，而不必立即跳闸，这也是采用中性点不接地运行方式的重要优势。但是在发生单相接地以后，其他两相的对地电压要升高 $\sqrt{3}$ 倍。为了防止故障进一步扩大变成两点或多点接地短路，应及时发出信号，以便运行人员采取措施予以清除。

因此，中性点不接地系统在发生单相接地时，一般只要求继电保护能有选择性地发出信号，而不必跳闸。但当单相接地对人身和设备的安全有危险时，则应动作于跳闸。

一、中性点不接地系统单相接地故障的特点

中性点不接地系统发生单相接地故障的最简单的网络接线，如图 4-5 所示。在正常运行情况下，三相对地有相同的电容 C_0，在相电压作用下，每相都有一超前于相电压 90°的电容电流流入大地，而三相电容电流之和等于零，三相的对地电压仍然是对称的相电压，无零序电压和零序电流。假设 A 相发生单相接地，则 A 相对地电压变为零，对地电容被短接，而其他两相对地电压升高为原来的 $\sqrt{3}$ 倍，对地电容电流也相应地增大了 $\sqrt{3}$ 倍。

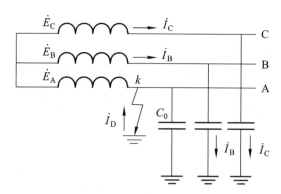

图 4-5 中性点不接地系统单相接地故障简单网络接线示意图

中性点不接地系统发生单相接地故障后，利用对称分量法可得：
故障点 K 的零序电压为

$$\dot{U}_{k0} = \frac{1}{3}(\dot{U}_{Ak} + \dot{U}_{Bk} + \dot{U}_{Ck}) = -\dot{E}_A$$

故障点非故障相的电容电流为

$$\dot{I}_{\mathrm{B}} = \dot{U}_{\mathrm{B}} \mathrm{j} \omega C_0$$

$$\dot{I}_{\mathrm{C}} = \dot{U}_{\mathrm{C}} \mathrm{j} \omega C_0$$

故障点接地电流的有效值 $I_{\mathrm{k}} = 3U_{\varphi} \omega C_0$（ U_{φ} 为相电压的有效值），是正常运行时单相电容电流的 3 倍。

当系统中有多条线路存在时，如图 4-6 所示，每条线路对地均有电容存在，设分别以 C_{0s}、C_{01}、C_{02} 来表示集中对地电容，当线路 2 的 A 相接地后，如果忽略负荷电流和电容电流在线路阻抗上的电压降，则全系统 A 相对地的电压均等于零，因而各元件 A 相对地的电容电流也等于零，同时 B 相和 C 相的对地电压和电容电流也都升高了 $\sqrt{3}$ 倍。

在非故障线路 1 上，A 相电流为零，B 相和 C 相中流有本身的电容电流，因此，在线路始端所反应的零序电流为 $3\dot{I}_0 = \dot{I}_{\mathrm{B1}} + \dot{I}_{\mathrm{C1}}$，其有效值为 $3I_{01} = 3U_{\varphi} \omega C_{01}$。即零序电流为线路 1 本身的电容电流，电容性无功功率的方向为由母线流向线路。当系统中的线路很多时，该结论可适用于每一条非故障的线路。

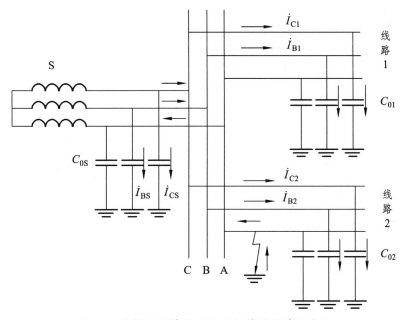

图 4-6　中性点不接地系统单相接地故障示意图

发生 A 相接地故障的线路 2，其 B 相和 C 相与非故障的线路一样，也流有它本身的对地电容电流 I_{B2} 和 I_{C2}，而在 A 相的接地故障点要流回全系统 B 相和 C 相的对地电容电流之总和，其值为

$$\dot{I}_{\mathrm{k}} = (\dot{I}_{\mathrm{B1}} + \dot{I}_{\mathrm{C1}}) + (\dot{I}_{\mathrm{B2}} + \dot{I}_{\mathrm{C2}}) + (\dot{I}_{\mathrm{BS}} + \dot{I}_{\mathrm{CS}})$$

其有效值为

$$I_{\mathrm{k}} = 3U_{\varphi} \omega (C_{01} + C_{02} + C_{0S}) = 3U_{\varphi} \omega C_{0\Sigma}$$

式中　$C_{0\Sigma}$——全系统每相对地电容的总和。

$\dot{I}_k$ 要从 A 相流回电源，故从 A 相流出的电流可表示为 $\dot{I}_{A2} = -\dot{I}_k$，因此，在线路 2 始端所流过的零序电流为

$$3\dot{I}_{02} = \dot{I}_{A2} + \dot{I}_{B2} + \dot{I}_{C2} = -(\dot{I}_{B1} + \dot{I}_{C1} + \dot{I}_{BS} + \dot{I}_{CS})$$

其有效值为

$$3I_{02} = 3U_\varphi \omega (C_{0\Sigma} - C_{02})$$

由此可见，由故障线路流向线路的零序电流，其数值等于全系统非故障元件（不包括故障线路本身）对地电容电流之总和，其电容性无功功率的方向为由线路流向母线，恰好与非故障线路上的相反。

总结以上分析的结果，可以得出如下结论。

（1）在发生单相接地时，全系统都将出现零序电压。

（2）在非故障的元件上有零序电流，其数值等于本身的对地电容电流，电容性无功功率的实际方向为由母线流向线路。

（3）在故障线路上，零序电流为全系统非故障元件对地电容电流的总和，数值一般较大，电容性无功功率的实际方向为由线路流向母线。

这些特点和区别，将是选择保护方式的依据。

二、中性点不接地系统单相接地短路保护

（一）零序电压保护

在发电厂和变电所的母线上，一般装设网络单相接地的监视装置，它利用接地后出现的零序电压，带延时动作于信号，表明本级电压网络中出现了单相接地。为此可用一过电压继电器接于电压互感器二次成开口三角形的一侧，如图 4-7 所示。

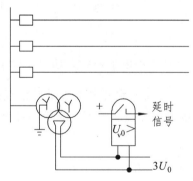

图 4-7　零序电压保护原理接线图

只要本网络中发生单相接地故障，则在同一电压等级的所有发电厂和变电所的母线上，都将出现零序电压。因此，这种方法给出的信号是没有选择性的，要想发现故障是在哪一条

线路上，还需要由运行人员依次短时断开每条线路，并继之以自动重合闸，将断开线路投入，当断开某条线路时，零序电压的信号消失，即表明故障是在该线路之上。

（二）零序电流保护

利用故障线路零序电流比非故障线路大的特点来实现有选择性地发出信号或动作于跳闸的保护称为零序电流保护。

这种保护一般使用在有条件安装零序电流互感器的线路上（如电缆线路或经电缆引出的架空线路）。当单相接地电流较大，足以克服零序电流滤过器中不平衡电流的影响时，保护装置也可以接于 3 个电流互感器构成的零序回路中。当某一线路上发生单相接地时，非故障线路上的零序电流为本身的电容电流，为了保证动作的选择性，保护装置的整定电流应大于本线路的电容电流。

$$I_{act} = K_{rel} \cdot 3U_{\varphi}\omega C_0$$

式中　C_0——被保护线路的对地电容；

　　　K_{rel}——可靠系数，一般取 1.5 ~ 2。

零序电流保护装置的灵敏系数 K_{sen} 按系统最小运行方式下单相接地故障时流经被保护线路的最小零序电流来校验。

$$K_{sen} = \frac{3U_{ph}\omega(C_{0\Sigma} - C_0)}{K_{rel}3U_{ph}\omega C_0} = \frac{C_{0\Sigma} - C_0}{K_{rel}C_0}$$

式中　$C_{0\Sigma}$——全系统各元件每相对地电容的总和，校验时采用系统最小运行方式下的 $C_{0\Sigma}$。

　　　对电缆线路要求 $K_{sen} \geq 1.25$，对架空线路要求 $K_{sen} \geq 1.5$。

由上式可见，当全网络的电容电流越大，或被保护线路的电容电流越小时，零序电流保护的灵敏系数就越容易满足要求。此外，由于零序电流保护的一次动作电流很小，所以要求采用灵敏度很高的电流继电器。

（三）零序功率方向保护

在出线较少或较短的情况下，故障线路零序电流与非故障线路零序电流差别不大，采用零序电流保护灵敏度往往不能满足要求。这时，可采用零序功率方向保护。它可利用故障线路与非故障线路零序功率方向不同的特点来实现有选择性的保护，动作于信号或跳闸。

思考与练习

一、填空题

1. 中性点直接接地电网发生单相接地短路时，零序电压最高值在＿＿＿＿＿＿＿＿处，最低值在＿＿＿＿＿＿＿＿＿＿处。

2．三段式零序电流保护由瞬时零序电流速断保护、_____保护和_____保护组成。

3．零序电流速断保护与反应相间短路的电流速断保护比较，其保护区_____，而且_____。

4．零序过电流保护与反应相间短路的过电流保护比较，其灵敏性_____，动作时限_____。

5．绝缘监视装置给出信号后，用_____方法查找故障线路，因此该装置适用于_____的情况。

二、判断题

1．中性点非直接接地电网发生单相接地时，线电压将发生变化。　　　　（　　　）

2．出线较多的中性点不接地电网发生单相接地时，故障线路保护安装处流过的零序电容电流比非故障线路保护安装处流过的零序电容电流大得多。　　　　（　　　）

3．中性点直接接地电网发生接地短路时，故障点处零序电压最低。　　　　（　　　）

4．绝缘监视装置适用于母线出线较多的情况。　　　　（　　　）

5．中性点不接地电网发生单相接地时，故障线路保护通过的零序电流为本身非故障相对地电容电流之和。　　　　（　　　）

6．保护安装处的零序电压，等于故障点的零序电压减去故障点至保护安装处的零序电压降。因此，保护安装处距故障点越近，零序电压越高。　　　　（　　　）

三、选择题

1．中性点不接地电网的三种接地保护中，（　　　）是无选择性的。

　　A．绝缘监视装置　　　　　　B．零序电流保护　　　　C．零序功率方向保护

2．当中性点不接地电网的出线较多时，为反应单相接地故障，常采用（　　　）。

　　A．绝缘监视装置　　　　　　B．零序电流保护　　　　C．零序功率方向保护

3．在中性点直接接地电网中发生接地短路时，（　　　）零序电压最高。

　　A．保护安装处　　　　　　B．接地故障点处　　　　C．变压器接地中性点处

4．在中性点直接接地电网中，发生单相接地短路时，故障点的零序电流与零序电压的相位关系是（　　　）。

　　A．电流超前电压约 90°　　　B．电压超前电流约 90°　　　C．电压电流同相位

5．有一中性点不接地电网，故障前的相电压为 U_{ph}，当该电网发生单相接地时，零序电压 $3U_0$ 为（　　　）。

　　A．U_{ph}　　　　　　　　B．$3U_{\mathrm{ph}}$　　　　　　　C．$\sqrt{3}U_{\mathrm{ph}}$

6．某一条线路发生两相接地故障，该线路保护所测的正序和零序功率的方向（　　　）。

　　A．均指向线路

　　B．为零序指向线路，正序指向母线

　　C．为正序指向线路，零序指向母线

　　D．均指向母线

四、简答题

1. 单相接地时零序分量特点有哪些？

2. 中性点不接地电网发生单相接地时有哪些特征？

3. 根据图 4-8 回答问题：

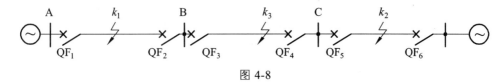

图 4-8

（1）零序电流方向保护的正方向是如何规定的？

（2）若为相间短路，则 k_1、k_2、k_3 点发生短路时哪些断路器允许跳闸？

4. 什么是零序保护？大接地电流系统中为什么要单独装设零序保护？

第五章　电网的距离保护

【学习目标】

（1）理解距离保护的基本原理。
（2）理解距离保护的时限特性。
（3）了解距离保护测量原件的动作特性。
（4）掌握阶段式距离保护的结构组成，整定原则及整定计算。

第一节　距离保护的基本原理

前面讨论过的电流、电压保护的主要优点是简单、可靠、经济，但是，对于容量大、电压高或结构复杂的网络，它们难以满足电网对保护的要求。例如，对于高压长距离重负荷线路，由于负荷电流大，线路末端短路时，短路电流的数值与负荷电流相差不大，故电流保护就往往不能满足灵敏度的要求；对于电流速断保护，其保护范围受电网运行方式的变化而变化，保护范围不稳定，某些情况下可能无保护区；对于多电源复杂网络，方向过电流保护的动作时限往往不能按选择性的要求整定，且动作时限长，难以满足电力系统对保护快速动作的要求。所以电流、电压保护一般只用于 35 kV 及以下电压等级的配电网。对于 110 kV 及以上电压等级的复杂网，线路保护一般采用距离保护。

距离保护是反映保护安装处至故障点的距离，并根据距离的远近而确定动作时限的一种保护装置。测量保护安装处至故障点的距离，实际上是测量保护安装处至故障点之间的阻抗大小，故有时又称之为阻抗保护。与电流保护相同，距离保护也有一个保护范围，短路发生在这一范围内，保护动作，否则保护不动作，这个保护范围通常只用整定阻抗 Z_m 的大小来实现。

一、采用距离保护的优势

110 kV 及以上电压等级的线路，由于其负荷电流大，距离长，用电流保护往往不能满足技术要求，而需要采用距离保护。这是因为与电流保护相比，距离保护有以下优点。

（1）灵敏度较高。因为阻抗 $Z = U/I$，阻抗继电器反映了正常情况与短路时电流、电压值的变化，短路时电流 I 增大，电压 U 降低，阻抗 Z 大大减小。

（2）保护范围与选择性基本上不受系统运行方式的影响。当系统运行方式改变时，短路电流和母线剩余电压都发生变化。例如，在最小运行方式下，短路电流减小，电流速断保护要缩短保护范围，过电流保护要降低灵敏度。由于短路点至保护安装处的阻抗取决于短路点至保护安装处的电距离，基本上不受系统运行方式的影响，距离保护的保护范围与选择性基本上不受系统运行方式的影响。

（3）迅速动作的范围较长。距离保护常采用如图 5-1 所示的阶梯形时限特性（以 A 处的距离保护为例）。

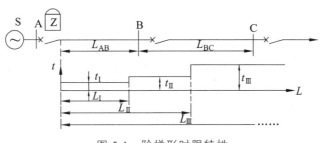

图 5-1　阶梯形时限特性

一般第 Ⅰ 段保护范围为本线路 AB 长度的 80% ~ 85%，即

$$L_1 = (0.8 \sim 0.85)L_{AB} \tag{5-1}$$

第 Ⅱ 段保护范围为本线路 AB 全长 L_{AB} 与相邻线路 BC 的第 1 段保护范围总长的 85% 左右，即

$$L_Ⅱ = 0.85[L_{AB} + (0.8 \sim 0.85)L_{BC}] \tag{5-2}$$

第 Ⅲ 段为本线路的近后备保护和下一段线路的远后备保护。

距离保护比电流保护复杂，投资多。但由于上述优点，在电流保护不能满足技术要求的情况下应当采用距离保护。

二、距离保护的概念

距离保护是反应短路点至保护安装处的距离（或阻抗），并根据距离的远近确定动作时限的一种保护装置。而保护安装处与故障点的距离，实际上是测量保护安装处至故障点之间的阻抗大小，又称阻抗保护。

用电压与电流的比值（即阻抗）构成的继电保护，阻抗元件的阻抗值是接入该元件的电压与电流的比值：测量阻抗用 Z_K 表示，则定义为保护安装处母线的测量电压 U_m 与保护线路的测量电流之比，即

$$Z_K = \frac{\dot{U}_m}{\dot{I}_m}$$

电力系统正常运行时，测量电压近似额定电压，保护安装处测量到的线路阻抗为负荷阻抗 Z_L，即 $Z_K = Z_L$。在被保护任一点发生故障时，保护安装处的测量电压为母线的残余 $\dot{U}_m = \dot{U}_K$，测量电流即故障电流 $\dot{I}_m = \dot{I}_K$，这时的测量阻抗为保护安装地点到短路点的短路阻抗。即

$$Z_K = \frac{\dot{U}_m}{\dot{I}_m} = \frac{\dot{U}_K}{\dot{I}_K}$$

在短路以后，母线电压下降，流经保护安装点的电流增大，这时短路阻抗 Z_K 比正常时的负载阻抗小，所以得出距离保护是通过测量反映出来的测量阻抗，在故障前后的变化明显，比电流变化量大，因而比反映单一物理量的电流保护灵敏度高。

与电流保护一样，距离保护也有一个保护范围，当短路发生在预先设定的范围内，保护动作，反之则不动作。距离保护的保护范围用整定阻抗 Z_{set} 来实现。用整定阻抗 Z_{set} 与被保护线路的测量阻抗 Z_K 进行比较，当短路点不在保护范围内，即 $Z_K > Z_{set}$，继电器不动作，当短路点在保护范围内，即 $Z_K < Z_{set}$，继电器动作。因此，距离保护又被称为低阻抗保护。

三、距离保护的组成

（1）测量部分，用于对短路点的距离测量和判别短路故障的方向。

（2）启动部分，用来判别系统是否处于故障状态。当短路故障发生时，瞬时启动保护装置。有的距离保护装置的启动部分兼起后备保护的作用。

（3）振荡闭锁部分，用来防止系统振荡时距离保护误动作。

（4）二次电压回路断线失压闭锁部分，当电压互感器（TV）二次回路断线失压时，它可防止由于阻抗继电器动作而引起的保护误动作。但当 TV 断线时保护可以选择投/退"TV 断线相过流保护"。

（5）出口部分，包括跳闸出口和信号出口，在保护动作时接通跳闸回路并发出相应的信号。

第二节　阻抗继电器的动作特性

一、阻抗继电器的概述

阻抗继电器是针对线路阻抗而言的，故而分析线路阻抗是非常必要的。通常启动元件采用过电流继电器或阻抗继电器。为了提高元件的灵敏度，也可采用反应负序电流或零序电流分量的复合滤过器来作为启动元件。

（一）阻抗继电器的分类

阻抗继电器可按以下不同方法进行分类。

（1）根据其构造原理的不同，分为电磁型、感应型、整流型、晶体管型、集成电路型和微机型等类型。

（2）根据其比较原理的不同，分为幅值比较式和相位比较式两大类。

（3）根据其输入量的不同，分为单相式（第 I 型）和多相补偿式（第 II 型）两类。

（4）根据其动作边界（动作特性）的形状不同，分为圆形特性阻抗继电器和多边形特性阻抗继电器（包括直线特性阻抗继电器）两类。

（二）阻抗继电器接线要求

（1）阻抗继电器的测量阻抗应正比于短路点到保护安装处之间的距离。

（2）阻抗继电器的测量阻抗应与故障类型无关，也就是保护范围不随故障类型而变化。

（3）阻抗继电器的测量阻抗应不受短路故障点孤独电阻的影响。

（三）阻抗继电器对电流电压要求

（1）继电器的测量阻抗应能准确判断故障地点，即与故障点至保障安装处的距离成正比。

（2）继电器的测量阻抗应与故障类型无关，即保护范围不随故障类型而变化。

二、阻抗继电器三种阻抗的概念

（一）测量阻抗 Z_K

测量阻抗 Z_K 是由加入阻抗继电器的电压 U_K 与电流 i_K 的比值确定的，Z_K 的阻抗角 φ_K 就是 U 与 I_K 之间的相位差角。因此，Z_K 完全由线路参数、负荷参数、故障情况及距离保护的接线方式等因素确定，与阻抗继电器本身的结构参数无关。

（二）整定阻抗 Z_{set}

整定阻抗 Z_{set} 是由阻抗继电器电抗变压器 TX 的变换系数 K_x 和整定变压器 UV 的变换系数 K_v 的比值确定的；Z_{set} 的阻抗角就是 K_x 的幅角。对方向阻抗继电器和偏移阻抗继电器而言，Z_{set} 的阻抗角就是最灵敏角 φ_{sen}。因此，Z_{set} 只取决于阻抗继电器本身结构的参数，与线路情况、负荷情况、距离保护的接线方式等因素无关。对圆特性阻抗继电器而言，当 Z_{set} 确定后，在理想情况下，阻抗继电器的特性圆就被确定，其保护范围就被确定。从动作特性圆来看，对于全阻抗继电器，Z_{set} 就是圆的半径；对于方向阻抗继电器，Z_{set} 就是在最灵敏角方向圆的直径；对于偏移阻抗继电器，Z_{set} 就是在最灵敏角方向，由坐标原点到正方向（第 I 象限）圆周的距离。

（三）动作阻抗 Z_{act}

动作阻抗 Z_{act} 是阻抗继电器刚好动作（边界状态）时的测量阻抗。对圆特性阻抗继电器而言，在理想情况下，Z_{act} 就是动作特性圆圆周所对应的阻抗值。对于全阻抗继电器，Z_{act} 在各方向相等，数值等于 Z_{act}，与相位角 φ_K 无关。而对于方向阻抗继电器和偏移阻抗继电器，Z_{act} 则随相位角 φ_K 的不同而不等；当 $\varphi_K = \varphi_{sen}$ 时，Z_{act} 的数值最大，且等于 Z_{set}。Z_{act} 与加于阻抗继电器的电压 U_K、电流 I_K 和夹角 φ_K 等因素有关，即与线路情况有关。

三、圆形特性阻抗继电器

微机保护出现之前，圆特性的阻抗继电器因其易于制造而在电力系统中广泛应用。常见的圆特性阻抗继电器有全阻抗、方向阻抗和偏移特性的阻抗等几种。

（一）全阻抗继电器

阻抗继电器的测量阻抗 Z_K 与整定阻抗 Z_{set} 都是复数，不能直接比较，只能比较模值与相位。全阻抗继电器就是一种能够方便实现模值比较的阻抗继电器。全阻抗继电器是以坐标原点 O 为圆心，整定阻抗大小为半径的圆，如图 5-2 所示。

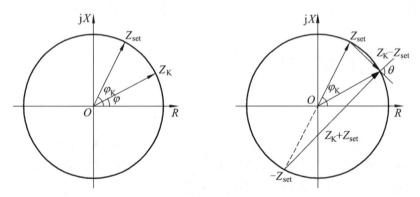

图 5-2　全阻抗继电器动作特性图

当测量阻抗 Z_K 位于圆内时继电器动作，即圆内为动作区，圆外为不动作区。当测量阻抗正好位于圆周上时，继电器刚好动作，对应此时的阻抗就是继电器的动作阻抗或启动阻抗。从图中可以看出，不论加入继电器的电压与电流之间的角度为多大（0°~360°变化），继电器的动作阻抗的模值都等于整定阻抗的模值。

（二）方向阻抗继电器

在单侧电源电网中，距离保护不需要考虑方向，这和单侧电源网络中电流保护不考虑方向的道理一样。在双侧电源网络中，为了满足选择性距离保护必须考虑方向。方向距离保护的核心是方向阻抗继电器或偏移特性阻抗继电器。

方向阻抗继电器的特性是以整定阻抗 Z 为直径而经坐标原点的一个圆（即坐标原点在圆周上），如图 5-3 所示，圆内为动作区，圆外为不动作区。当加入继电器 U_K 和 I_K 之间的相位差 φ_K 为不同数值时，此种继电器的启动阻抗也将随之改变。当 φ_K 等于 Z_{set} 的阻抗角时，继电器的启动阻抗达到最大，等于圆的直径，此时，阻抗继电器的保护范围最大，工作最灵敏。因此，这个角度称为继电器的最大灵敏角，用 φ_{sen} 表示。当保护范围内部发生故障时，$\varphi_{sen} = \varphi_K$（为被保护线路的阻抗角），因此应该调整继电器的最大灵敏角，使 $\varphi_{sen} = \varphi_K$，以便继电器工作在最灵敏的条件下。

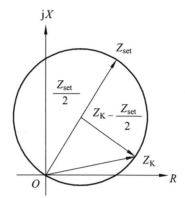

图 5-3　方向阻抗继电器动作特性图

当反方向发生短路时，测量阻抗 Z_K 位于第三象限，继电器不能动作，因此它本身就具有方向性，故称之为方向阻抗继电器。

四、多边形继电器特性

继电保护领域最初的非圆形特性包括受三条直线限制的杯形动作区以及由多条直线围成的多边形特性。多边形特性最大的优点是有较大的耐受过渡电阻的能力，但构成传统保护设备时比圆特性复杂。对微机继电保护而言，则容易实现，因此，这种特性的优越性非常突出。

目前国内外继电保护装置，多采用多边形或其他类似的特性。图 5-4 所示为微机型线路保护中常见的四边形阻抗动作特性。

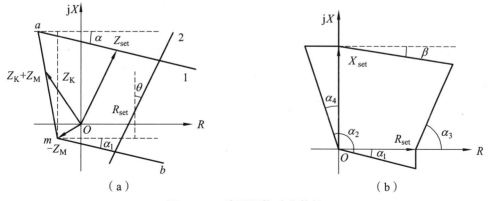

（a）　　　　　　　　　　　（b）

图 5-4　四边形阻抗动作特性

　　阻抗元件的四边形动作特性是各种阻抗动作特性的组合，包括电抗动作特性、电阻动作特性和折线动作特性等组合成的综合阻抗动作特性。它可以根据实际需要，比如躲过过渡电阻和躲过负荷能力的强弱等具体特性要求进行设计。

第三节　三段式距离保护的构成与运行

一、三段式距离保护的构成

　　三段式距离保护装置主要由图 5-5 所示的 6 部分组成。

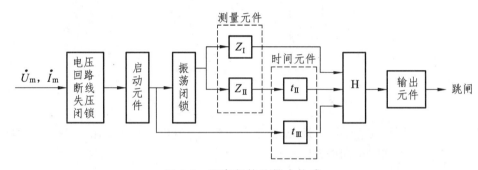

图 5-5　距离保护的基本构成

　　（1）启动元件：用来判别系统是否处于故障状态。当短路故障发生时，瞬时启动保护装置。有的距离保护装置的启动部分兼起后备保护的作用。

　　（2）测量元件：用于对短路点的距离测量和判别短路故障的方向。

　　（3）时间元件：用来延时保护装置距离保护Ⅱ段、Ⅲ段的动作，通常采用时间继电器或者延时电路作为时间元件。

　　（4）振荡闭锁元件：用来防止系统振荡时距离保护误动作。当电力系统失去同步发生振荡时，电流电压将在很大范围内做周期性变化，因为阻抗继电器的测量阻抗也将随之变化。当电流增大，电压降低，阻抗继电器的测量阻抗随变化变小时，可能引起距离保护的误动作。在正常运行状态或系统发生振荡时，振荡闭锁元件将保护闭锁，而当系统发生短路时，解除闭锁开放保护，使保护装置能有选择性地动作。

　　（5）二次电压回路断线失压闭锁元件：当电压互感器（TV）二次回路断线失压时，它可防止由于阻抗继电器动作而引起的保护误动作。但当 TV 断线时，保护可以选择投/退"TV 断线相过流保护"。

　　（6）出口部分：包括跳闸出口和信号出口，在保护动作时接通跳闸回路并发出相应的信号。

二、距离保护的整定校验

距离保护一般具有三段式阶梯形时限特性，如图 5-1 所示。以 A 处的距离保护装置为例，被保护线路无中间分支，各段的整定计算方法与校验原则如下。

（一）Ⅰ段的整定与校验

（1）Ⅰ段的一次整定阻抗 Z_{set}^{I}，应按躲开相邻线路首端短路来整定计算，即

$$Z_{set}^{I} = K_{I}Z_{AB} = K_{I}ZL_{AB}$$

式中　K_{I}——可靠系数，取 0.8~0.85；

　　　Z_{AB}——线路 AB 的阻抗；

　　　Z——线路单位长度阻抗；

　　　L_{AB}——线路 AB 的长度。

（2）Ⅰ段不必进行灵敏度校验。

（3）Ⅰ段的动作时限为 t^{I}。Ⅰ段不设时间继电器，t^{I} 为阻抗继电器、出口继电器等固有动作时间，一般不超过 0.1 s。

（二）Ⅱ段的整定和校验

（1）Ⅱ段的一次整定阻抗 Z_{set}^{II}，一般按躲开相邻线路 B 处的距离保护装置Ⅰ段保护范围末端短路来整定计算，即

$$Z_{set}^{II} = K_{II}(Z_{AB} + K_{I}Z_{BC}) = K_{II}(ZL_{AB} + K_{I}ZL_{BC})$$

式中　K_{II}——可靠系数，取 0.8~0.85；

　　　Z_{BC}——线路 BC 的阻抗；

　　　L_{BC}——线路 BC 的长度。

（2）Ⅱ段的灵敏系数 K_{sen} 按本线路（AB）末端短路阻抗进行校验，要求不小于 1.5，即

$$K_{sen} = \frac{Z_{set}^{II}}{Z_{AB}} \geqslant 1.5$$

（3）Ⅱ段的动作时限 t^{II} 应比相邻线路 B 处的距离保护装置Ⅰ段的动作时限 t^{I} 大一个时限级差，一般 t^{II} 为 0.5~0.7 s。

（三）Ⅲ段的整定和校验

1. Ⅲ段的一次整定阻抗 Z_{set}^{III}

按躲开被保护线路在正常运行条件下的最小负荷阻抗 $Z_{L.min}$ 来整定计算。

设被保护线路最大负荷电流为 $I_{L.min}$（A），距离保护安装处母线最低工作线电压为 $U_{L.min}$（V），则被保护线路最小负荷阻抗为

$$Z_{\text{L.min}} = \frac{U_{\text{L.min}}}{I_{\text{L.min}}\sqrt{3}}$$

根据保护范围外部故障切除后保护装置必须立即返回的要求，对于距离保护来说，就必须选择返回阻抗 $Z_R \prec Z_{\text{L.min}}$，引入一个大于 1 的可靠系数 K_{REL}（取 1.2）和一个大于 1 的考虑负载电动机自启动时电流增长与电压降低影响的 Z 自启动系数 K_{ss}（在无高电压大功率电动机的情况下可取 1），可得

$$Z_R = \frac{Z_{\text{L.min}}}{K_{\text{SS}}K_{\text{REL}}}$$

因此，Ⅲ段的一次整定阻抗 $Z_{\text{SET}}^{\text{Ⅲ}}$ 计算公式如下。

（1）当采用全阻抗继电器时为

$$Z_{\text{SET}}^{\text{Ⅲ}} = \frac{Z_R}{K_R} = \frac{Z_{\text{L.min}}}{K_R K_{\text{SS}} K_{\text{REL}}} \ (\Omega)$$

式中　K_R——距离保护的返回系数，取 1.2。

（2）当采用方向阻抗继电器时为

$$Z_{\text{SET}}^{\text{Ⅲ}} = \frac{Z_{\text{L.min}}}{K_R K_{\text{SS}} K_{\text{REL}} \cos(\alpha_{\text{sen}} - \alpha_{\text{L}})} \ (\Omega)$$

式中　α_{L}——被保护线路的负荷阻抗角；

　　　α_{sen}——阻抗继电器的最灵敏角。

（3）当采用偏移阻抗继电器时为

$$Z_{\text{SET}}^{\text{Ⅲ}} = \frac{Z_{\text{L.min}}}{K_R K_{\text{SS}} K_{\text{REL}} \cos(\alpha_{\text{sen}} - \alpha_{\text{L}})} - \Delta Z \ (\Omega)$$

式中　ΔZ——变换差值。

2. Ⅲ段的灵敏系数 K_{sen}

作为本线路的远后备保护时，K_{sen} 按本线路末端短路时的短路阻抗校验，要求不小于 1.3，即

$$K_{\text{sen}} = \frac{Z_{\text{SET}}^{\text{Ⅲ}}}{z L_{\text{AB}}} \geqslant 1.3$$

作为相邻线路的远后备保护时，K_{sen} 按相邻线路短路时的短路阻抗校验，要求不小于 1.2，即

$$K_{\text{sen}} = \frac{Z_{\text{SET}}^{\text{Ⅲ}}}{z(L_{\text{AB}} + L_{\text{BC}})} \geqslant 1.2$$

3. Ⅲ段的动作时限 $t^{\text{Ⅲ}}$

$t^{\text{Ⅲ}}$ 应比保护范围内的其余保护装置的动作时限中最大者大一个时限极差 Δt。一般 $t^{\text{Ⅲ}}$ 要达到 2 s 甚至更大。

（四）例题讲解

【例】 如图 5-6 所示，已知：网络的正序阻抗 $Z_1 = 0.45\ \Omega/\text{km}$，阻抗角 $\varphi_L = 65°$。线路上采用三段式距离保护，其第 Ⅰ、Ⅱ、Ⅲ 段阻抗元件均采用 0°接线的方向阻抗继电器，继电器的最灵敏角 $\varphi_{sen} = 65°$，保护 2 的延时 $t_2^{\text{Ⅲ}} = 2s$，线路 AB、BC 的最大负荷电流均为 400 A，负荷的自起动系数 $K_{ss} = 1.9$ 继电器的返回系数 $K_{re} = 1.2$，并设 $K_{rel}^{\text{Ⅰ}} = 0.85$，$K_{rel}^{\text{Ⅱ}} = 1.15$，负荷的功率因数 $\cos\varphi_D = 0.9$，变压器采用了能保护整个变压器的无时限纵差保护。试求：距离保护 1 第 Ⅰ 段的动作阻抗，第 Ⅱ 段、第 Ⅲ 段的灵敏度与动作时间。

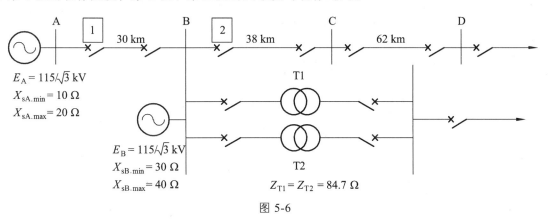

图 5-6

解：（1）求距离保护 1 第 Ⅰ 段的动作阻抗。

$$Z_{set.1}^{\text{Ⅰ}} = K_{rel}^{\text{Ⅰ}} \times Z_{AB} = 0.85 \times 0.45 \times 30 = 11.16\ \Omega$$

（2）保护 1 的第 Ⅱ 段（分两种情况）。

与相邻线路配合：

$$Z_{set.1}^{\text{Ⅱ}} = K_{rel}^{\text{Ⅱ}}(Z_{AB} + K_{rel}^{\text{Ⅰ}} K_{b.\min} Z_{BC})$$

$$K_{b.\min} = \left(\frac{X_{sA.\min} + Z_{AB}}{X_{sB.\max}} + 1\right) = \left(\frac{10 + 13.5}{40} + 1\right) = 1.59$$

$$Z_{set.1}^{\text{Ⅱ}} = 0.8(13.5 + 0.85 \times 1.59 \times 0.45 \times 38) = 29.29\ \Omega$$

与变压器支路配合：

$$Z_{set.1}^{\text{Ⅱ}} = K_{rel}^{\text{Ⅱ}}\left(Z_{AB} + K_{rel}^{\text{Ⅰ}} K_{b.\min} \frac{Z_T}{2}\right)$$

$$K_{b.\min} = \left(\frac{X_{sA.\min} + Z_{AB}}{X_{sB.\max}} + 1\right) = \left(\frac{10 + 13.5}{40} + 1\right) = 1.59$$

$$Z_{set.1}^{\text{Ⅱ}} = 0.7\left(13.5 + 0.7 \times 1.59 \times \frac{84.7}{2}\right) = 42.44\ \Omega$$

对以上两种情况，取较小者，所以：

$$Z_{set.1}^{\text{Ⅱ}} = 29.29\ \Omega$$

其灵敏度：

$$K_{sen} = \frac{Z_{set.A}^{II}}{Z_{AB}} = \frac{29.29}{13.5} = 2.17 > 1.5$$

满足要求。

动作时间：$t^{II} = 0.5s$

（3）距离保护 1 的第 III 段：采用方向阻抗继电器。

$$Z_{set.1}^{III} = \frac{Z_{L.min}}{K_{rel}^{III} K_{re} K_{ss} \cos(\varphi_L - \varphi_D)} \ ,$$

$$Z_{L.min} = \frac{U_{L.min}}{I_{L.max}} = \frac{0.9 \times 110}{\sqrt{3} \times 0.4} = 142.89 \ \Omega \ ,$$

$$K_{re} = 1.2 \ , \quad K_{ss} = 1.9 \ , \quad K_{rel}^{III} = 1.15 \ ,$$

$$\varphi_D = \cos^{-1} 0.9 = 25.8° \ ,$$

$$Z_{set.1}^{III} = \frac{142.89}{1.15 \times 1.2 \times 2 \times \cos(65° - 25.8°)} = 66.81 \ \Omega$$

其灵敏度：

① 考虑本线路末端：

$$K_{sen\,近} = \frac{Z_{set.1}^{III}}{Z_{AB}} = \frac{66.81}{13.5} = 4.93 > 1.5$$

② 考虑相邻元件

a：相邻线路末端

$$K_{set\,远} = \frac{Z_{set.1}^{III}}{Z_{AB} + K_{b.max} Z_{BC}} \ ,$$

$$K_{b.max} = \left(\frac{X_{sA.max} + Z_{AB}}{X_{sB.min}} + 1 \right) = \left(\frac{20 + 13.5}{30} + 1 \right) = 2.12 \ ,$$

$$K_{sen\,远} = \frac{Z_{set.1}^{III}}{Z_{AB} + K_{b.max} Z_{BC}} = \frac{66.81}{13.5 + 2.12 \times 17.1} = 1.34 > 1.2$$

满足要求。

b：相邻变压器低压侧出口

$$K_{sen\,远} = \frac{Z_{set.1}^{III}}{Z_{AB} + K_{b.max} Z_T}$$

$$K_{b.max} = \left(\frac{X_{sA.max}'' + Z_{AB}}{X_{sB.min}''} + 1 \right) = \left(\frac{20 + 13.5}{30} + 1 \right) = 2.12 \ ,$$

$$K_{\text{sen 远}} = \frac{Z_{set.1}^{\text{III}}}{Z_{AB} + K_{b.\max}Z_T} = \frac{66.81}{13.5 + 2.12 \times 84.7} = 0.33 < 1.2$$

不满足要求，认为Ⅲ段不能作为变压器的后备保护

动作时间：$t_1^{\text{III}} = t_2^{\text{III}} + \Delta t = 2 + 0.5 = 2.5s$

第四节　距离保护的接线方式

一、距离保护接线方式的含义

所谓距离保护的接线方式，是指用于三相电力系统的距离保护装置中的阻抗继电器，与相对应的电流互感器、电压互感器的连接。

二、距离保护的接线方式应满足的要求

（1）测量阻抗与保护安装处到故障点的距离成正比，而与系统的运行方式无关。

（2）测量阻抗应与短路类型无关，即同一故障点不同类型短路故障的测量阻抗应当一样。

三、相间距离保护 0°接线方式

一般反应相间故障的阻抗继电器接线应当以相间电压为继电器电压，以相间电流差为继电器电流，如图 5-7 所示。

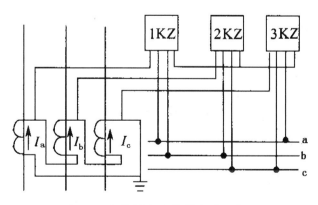

图 5-7　阻抗继电器接线方式示意图

假定输电线路在功率因数 $\cos\phi = 1$ 的情况下运行，则加在阻抗继电器的电压与电流相电

压与相电流同相位，即电压与电流之间的相位差为 0°，所以这种接线称为相间距离保护 0° 接线。接线如表 5-1 所示。

表 5-1　各相阻抗继电器所加的电压与电流

阻抗继电器代号	1 kZ（AB 相）	2 kZ（BC 相）	3 kZ（CA 相）
UV 一次侧加入的电压 $\dot{U}_K$	$\dot{U}_{ab}$	$\dot{U}_{bc}$	$\dot{U}_{ca}$
TX 一次侧加入的电流 $\dot{I}_K$	$\dot{I}_a - \dot{I}_b$	$\dot{I}_b - \dot{I}_c$	$\dot{I}_c - \dot{I}_a$

四、动作情况分析

（一）三相短路

三相对称，仅以 A 相为例。设短路点至保护安装处的距离为 L，线路单位长度阻抗为 z，则加入阻抗继电器 1 kZ 后的电压及电流分别为

$$\dot{U}_K = \dot{U}_{ab} = \dot{U}_a - \dot{U}_b = \frac{\dot{U}_{AB}}{n_u} = \frac{\dot{U}_A - \dot{U}_B}{n_u}$$

$$= \frac{1}{n_u}(\dot{I}_A zL - \dot{I}_B zL) = \frac{1}{n_u}(\dot{I}_A - \dot{I}_B)zL$$

$$\dot{I}_K = \dot{I}_a - \dot{I}_b = \frac{\dot{I}_A}{n_i} - \frac{\dot{I}_B}{n_i} = \frac{1}{n_i}(\dot{I}_A - \dot{I}_B)$$

因此阻抗继电器 1 kZ 的测量阻抗为

$$Z_K = \frac{\dot{U}_K}{\dot{I}_K} = \frac{\frac{1}{n_u}(\dot{I}_A - \dot{I}_B)zL}{\frac{1}{n_i}(\dot{I}_A - \dot{I}_B)} = \frac{n_i}{n_u}zL$$

结论：阻抗继电器的 1 kZ 的测量阻抗与短路点至保护装置安装处的距离成正比。同理，2 kZ、3 kZ 有同样的结论。

（二）两相短路

以 A-B 相为例。则加入阻抗继电器 1 kZ 的电压及电流分别为

$$\dot{U}_K = \dot{U}_{ab} = \frac{\dot{U}_{AB}}{n_u} = \frac{\dot{U}_A - \dot{U}_B}{n_u} = \frac{1}{n_u}(\dot{I}_A zL - \dot{I}_B zL)$$

$$= \frac{1}{n_u}(\dot{I}_A - \dot{I}_B)zL$$

$$\dot{I}_K = \dot{I}_a - \dot{I}_b = \frac{\dot{I}_A}{n_i} - \frac{\dot{I}_B}{n_i} = \frac{1}{n_i}(\dot{I}_A - \dot{I}_B)$$

因此阻抗继电器 1 kZ 的测量阻抗为

$$Z_K = \frac{\dot{U}_K}{\dot{I}_K} = \frac{\frac{1}{n_u}(\dot{I}_A - \dot{I}_B)zL}{\frac{1}{n_i}(\dot{I}_A - \dot{I}_B)} = \frac{n_i}{n_u}zL$$

结论:阻抗继电器的 1 kZ 的测量阻抗与短路点至保护装置安装处的距离成正比,能正确动作,但加入 2 kZ、3 kZ 的电压有一相是非故障相,数值较大,而加入的电流只有一个故障相电流,数值较小。因此,2 kZ、3 kZ 的阻抗较大不能动作。

(三)大接地短路电流系统中的两相接地短路

以 A-B 两相接地短路为例。则加入阻抗继电器 1 kZ 的电压及电流分别为

$$\dot{U}_K = \dot{U}_{ab} = \frac{\dot{U}_A - \dot{U}_B}{n_u}$$

$$= \frac{1}{n_u}[\dot{I}_A(r + jx_L)L + j\dot{I}_B x_M L - \dot{I}_B(r + jx_L)L - j\dot{I}_A x_M L]$$

$$= \frac{1}{n_u}(\dot{I}_A - \dot{I}_B)zL$$

$$\dot{I}_K = \dot{I}_a - \dot{I}_b = \frac{\dot{I}_A}{n_i} - \frac{\dot{I}_B}{n_i} = \frac{1}{n_i}(\dot{I}_A - \dot{I}_B)$$

因此阻抗继电器 1 kZ 的测量阻抗为

$$Z_K = \frac{\dot{U}_K}{\dot{I}_K} = \frac{\frac{1}{n_u}(\dot{I}_A - \dot{I}_B)zL}{\frac{1}{n_i}(\dot{I}_A - \dot{I}_B)} = \frac{n_i}{n_u}zL$$

结论:阻抗继电器的 1 kZ 的测量阻抗与短路点至保护装置安装处的距离成正比,能正确动作,2 kZ、3 kZ 的阻抗数值较大不能动作。

因此,这种接线方式能正确反应各种相间短路,实现保护的要求。

思考与练习

一、填空题

1. 距离保护是反映故障点至保护安装处_____变化的保护,又称为_____保护。

2. 当测量阻抗 Z_k 小于整定阻抗 Z_{set} 时,短路点在保护范围_____,保护_____。

3. 距离保护装置一般由_____、_____、_____、_____部分组成。

4. 反应相间故障的阻抗继电器，一般采用_____电压和两相电流_____接线方式，以使其在各种相间短路（包括两相接地短路）时测量阻抗均为 z_1l。

5. 在距离保护的Ⅰ、Ⅱ段整定计算中乘以一个小于1的可靠系数，目的是为了保证保护动作的_____。

6. 阻抗继电器的动作阻抗指_____。正常运行时，阻抗继电器感受的阻抗为_____。

7. 对阻抗继电器的接线方式的基本要求有_____和_____。

二、判断题

1. 距离保护就是反应故障点至保护安装处的距离，并根据距离的远近而确定动作时间的一种保护。 （ ）

2. 方向阻抗继电器的动作阻抗与测量阻抗的阻抗角无关。 （ ）

3. 偏移特性阻抗继电器没有电压死区。 （ ）

4. 全阻抗继电器受故障点过渡电阻的影响比方向阻抗继电器大。 （ ）

5. 距离保护接线复杂，可靠性比电流保护高，这也是它的主要优点。 （ ）

6. 采用0°接线方式的阻抗继电器相间短路时的测量阻抗与故障类型无关。 （ ）

7. 相间0°接线的阻抗继电器，在线路同一地点发生各种相间短路及两相接地短路时，继电器所测得的阻抗相同。 （ ）

8. 与电流电压保护相比，距离保护主要优点在于完全不受运行方式影响。 （ ）

9. 接地距离保护的测量元件接线采用60°接线。 （ ）

三、选择题

1. 距离保护是以距离（   ）元件作为基础构成的保护装置。

   A. 测量 B. 启动

   C. 振荡闭锁 D. 逻辑

2. 距离保护的动作阻抗是指能使阻抗继电器动作的（   ）。

   A. 大于最大测量阻抗的一个定值

   B. 最大测量阻抗

   C. 介于最小测量阻抗与最大测量阻抗之间的一个值

   D. 最小测量阻抗

3. 加到阻抗继电器的电压电流的比值是该继电器的（   ）。

   A. 测量阻抗 B. 整定阻抗

   C. 动作阻抗 D. 一次阻抗

4. 如果用 Z_m 表示测量阻抗，Z_{set} 表示整定阻抗，Z_{act} 表示动作阻抗。线路发生短路，不带偏移的圆特性距离保护动作，则说明（   ）。

   A. $|Z_{act}| < |Z_{set}|, |Z_{set}| < |Z_m|$ B. $|Z_{act}| \leqslant |Z_{set}|, |Z_m| \leqslant |Z_{set}|$

   C. $|Z_{act}| < |Z_{set}|, |Z_{set}| \leqslant |Z_m|$ D. $|Z_{act}| \leqslant |Z_{set}|, |Z_{set}| \leqslant |Z_m|$

5. 对反应相间短路的阻抗继电器，为使其在各种相间短路时测量阻抗均相等，应采用（　　）。

    A. 90°接线　　　　　　　　B. +30°接线

    C. − 30°接线　　　　　　　D. 0°接线

6. 相间距离保护的 I 段保护范围通常选择为被保护线路全长（　　）。

    A. 50% ~ 55%　　　　　　　B. 60% ~ 65%

    C. 70% ~ 75%　　　　　　　D. 80% ~ 85%

7. 在方向阻抗继电器中，若线路阻抗的阻抗角不等于整定阻抗的阻抗角，则该继电器的动作阻抗 Z_{act} 与整定阻抗 Z_{set} 之关系为（　　）。

    A. 不能确定　　　　　　　　B. $Z_{act} = Z_{set}$

    C. $Z_{act} > Z_{set}$　　　　　　　D. $Z_{act} < Z_{set}$

四、简答题

1. 什么是距离保护？什么是阻抗继电器？

2. 反映相间短路的阶段式距离保护与阶段式电流保护相比，有哪些优点？

3. 整流型圆形阻抗继电器的工作特性是什么？

4. 对距离保护如何评价？

5. 什么是阻抗继电器的 0°接线？

6. 简述全阻抗继电器、方向阻抗继电器、偏移阻抗继电器的动作特性。

7. 距离保护的接线方式有哪些基本要求？

五、计算题

1. 有一方向阻抗继电器，其整定阻抗为 $Z_{set} = 7.5 \angle 60° \ \Omega$；若测量阻抗为 $Z_k = 7.2 \angle 30°$，试问该继电器能否动作？为什么？

2. 已知 AB 线路长 20 km，BC 长 25 km，$z = 0.45 \ \Omega/km$，$U_{L.min} = 0.9U_N$，$U_N = 110 \ kV$，$I_{L.max} = 300 \ A$，若采用全阻抗继电器，请完成该距离保护的三段整定与校验。

第六章　自动重合闸装置

【学习目标】

（1）了解自动重合闸的作用和影响。
（2）掌握对自动重合闸装置的基本要求。
（3）掌握单、双侧电源线路三相一次重合闸的工作原理。
（4）掌握对备用电源自投的基本要求。
（5）掌握备用线路自投的工作原理。

第一节　自动重合闸

一、自动重合闸作用及基本要求

在电力系统中，发生故障最多的是输电线路，因此，如何提高输电线路的可靠性，对电力系统的安全运行具有重要意义。运行经验表明，架空线路绝大多数的故障都是瞬时性的，永久性故障一般不到10%。自动闭塞线路上发生短路的原因主要有：由于雷击引起的绝缘子闪络或者其他外界因素，如树枝、刮风使导线摆动而碰线，风筝挂线，等。这些故障多属于暂时性的，占总故障的80%~90%。这些故障被继电保护动作断开断路器后，故障点去游离，电弧熄灭，绝缘强度恢复，故障自行消除。此时，如果把输电线路的断路器合上，就能恢复供电，从而减少停电时间，提高供电的可靠性。

自动重合闸装置就是这样一种可靠的装置：当断路器跳闸以后，经过整定的动作时限，能够将断路器重新合闸的自动装置，叫作自动重合闸（ZCH或AAR）。

（一）自动重合闸的主要作用

（1）大大提高了供电的可靠性，减少了线路停电的次数，特别是对单侧电源的单回线路尤为显著。

（2）在高压输电线路上采用重合闸，可以提高电力系统并列运行的稳定性。

（3）在电网的设计与建设过程中，有时考虑到重合闸的作用，可以暂缓架设双回线路，以节省投资。

（4）对断路器本身由于机构不良或继电保护误动作而引起的误跳闸，能起到纠正的作用。

对于重合闸的经济效益，应该用无重合闸时，因停电而造成的国民经济损失来衡量。由于重合闸装置本身的投资很低，工作可靠，因此，在电力系统中获得了广泛应用。

（二）自动重合闸的不利影响

事物都是一分为二的，在采用重合闸以后，当重合于永久性故障时，它也将带来一些不利的影响，如：

（1）使电力系统又一次受到故障的冲击。

（2）使断路器的工作条件变得更加严重，因为它要在很短的时间内，连续切断两次短路电流。这种情况对于油断路器必须加以考虑，因为在第一次跳闸时，由于电弧的作用，已使油的绝缘强度降低，在重合后第二次跳闸时，是在绝缘已经降低的不利条件下进行的，因此，油断路器在采用了重合闸以后，其遮断容量也要有不同程度的降低（一般降低到80%左右）。因此，在短路容量比较大的电力系统中，上述不利条件往往限制了重合闸的使用。

二、自动重合闸的基本要求

作为一种安全自动装置，自动重合闸与继电保护装置一样有一系列基本要求。

（1）自动重合闸装置动作时间应尽可能短。动作时间短是为了缩短了停电时间，有一定时限是为了保证在重合时短路点的绝缘，以及断路器的灭弧性能恢复，这样能够提高重合闸成功率和设备工作可靠性。而且，双侧电源线路的自动重合闸必须保证在两侧的断路器都跳闸以后才能重合。根据运行经验，一般要求动作时间为 $0.5 \sim 1.5$ s。

（2）自动重合闸装置动作后，应能自动复归，以提高其可靠性。这一点在雷雨季节时显得尤其重要。对于 10 kV 及以下电压级别的线路，如无人值班时也可采用手动复归方式。

（3）自动重合闸装置的动作次数必须预先规定，不能无限制地进行多次重合。如一次重合闸应保证重合一次，当遇到永久性故障时再次跳闸后就应不再重合，因为在永久性故障时，多次重合将使系统多次遭受冲击，还可能使断路器损坏，扩大事故。

（4）在下列情况下，自动重合闸装置不应动作。

① 由运行人员手动操作或通过遥控装置操作使断路器跳闸时，如检修线路。

② 手动投入断路器而断路器随即被继电保护操作断开时。这表明在合闸前就存在持续性故障，如安全地线未拆除或存在隐患等。

（5）自动重合闸的启动方式优先采取由控制开关的位置（合闸）与断路器的实际位置（分闸）不对应原则来启动自动重合闸。对综合重合闸宜用不对应原则和继电保护同时启动方式。

（6）自动重合闸装置应该与继电保护装置配合，加速故障的切除。

自动重合闸与继电保护的关系极为密切。如果自动重合闸与继电保护能很好地配合工作，在许多情况下，可以较迅速地切除故障，提高供电的可靠性，对系统安全运行有着很重要的作用。

三、自动重合闸的启动方式

自动重合闸采用不对应启动方式。这个不对应主要是指指定动作和实际动作的不对应，是指断路器控制开关的位置与断路器实际位置不对应启动方式，即当控制开关在合闸位置而断路器实际上在断开位置的情况下使重合闸启动。而当运行人员手动操作使断路器跳闸后，控制开关与断路器的位置是对应的，则重合闸不启动。

第二节　单侧电源三相一次自动重合闸装置

在电力系统和牵引供电系统中，单侧电源线路的三相一次重合闸应用十分广泛。三相一次重合闸的跳、合闸方式下，无论本线路发生何种类型的故障，继电保护装置均将三相断路器跳开，重合闸启动，经预定延（可整定，一般为 0.5 ~ 1.5 s）发出重合脉冲，三相断路器一起合上。若是瞬时性故障，因故障已经消失，重合成功，线路继续运行；若为永久性故障，继电保护再次动作跳开三相，不再重合。单侧电源线路的三相一次自动重合闸的实现比较简单。因为在单侧电源的线路上，不会婴考虑电源间同步的检查问题。而且三相同时跳开，重合不需要区分故障类别和选择故障相，只需要在希望重合时断路器满足允许重合的条件下，经预定的延时，发出一次合闸脉冲。下面我们来介绍电磁型三相一次重合闸装置。

一、基本结构

自动重合闸装置的原理接线图如图 6-1 所示。各元件的作用如下。

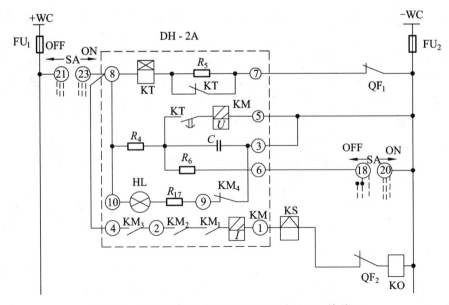

图 6-1　自动重合闸装置（DH-2A 型）原理接线图

时间元件 KT：用于整定自动重合闸装置的动作时间。

中间元件 KM：自动重合闸装置的出口元件，用于发出接通断路器合闸回路的脉冲。

电容器 C：用于保证自动重合闸装置（AAR）只动作一次。

充电电阻 R_4：用于限制电容器的充电速度，防止一次重合不成功时发生多次重合闸。

放电电阻 R_6：在不需要重合闸时，电容器 C 通过 R_6 放电。

电阻 R_5：用于保证时间元件 KT 线圈的热稳定性。

信号灯 HL：用于监视中间元件 KM 和 SA 的触点是否良好。

信号灯 HL 的串联电阻 R_{17}：用于限制信号灯 HL 的电压和电流。

二、工作原理

（一）正常情况

断路器处于合闸状态，QF_1 断开→KM_2 失电→KM_1 断开。而 SA 处在合后位置，其触点 SA㉑-㉓接通，触点 SA②-④断开→重合闸投入，指示灯 HL 亮。重合闸继电器的电容 C 经 R_4 充电，经 10～15 s 后，电容器 C 两端电压等于电源电压，此电压可使中间继电器 KM 启动。

（二）线路发生故障时

断路器跳开后，QF_1 闭合→KM_2 得电→KM_1 闭合→启动 KT→KT 经过 0.5～1 s 的延时→KT 延时触点闭合→电容器 C 放电→KM 启动→闭合其常开触点 KM_1、KM_2、KM_3→发出合闸脉冲。

1. 若为瞬时性故障

断路器合闸后，KM 因电流自保持线圈失去电流而返回。同时，KM_2 失电→KM_1 断开→KT 失电，触点 KT_1 断开→电容器 C 经 R_4 重新充电，经 10～15 s 又使电容 C 两端建立电压。整个回路复归，准备再次动作。

2. 若为永久性故障

断路器合闸后，继电保护动作再次将断路器断开→QF_1 闭合→KM_2 得电→KM_1 闭合，KT 启动→KT_1 经过 0.5～1 s 的延时闭合→电容器 C 放电。

（三）手动跳闸

断路器用 SA 操作分闸与分闸后→$\left\{\begin{array}{l}\text{SA触点㉑-㉓断开} \\ \text{SA触点⑱-⑳闭合 → } C \text{通过} R_6 \text{放电}\end{array}\right\}$→重合闸不能重合。

（四）手动合闸

用 SA 操作手动合闸时，如线路有短路故障→断路器后闸后立即再次跳闸→C 来不及充电→重合闸不成功。

牵引供电系统主要供电方式是单边供电方式，其自动重合闸方式一般为一次重合闸。当线路发生故障时，进行一次重合闸，如果重合闸不成功，后加速保护动作使断路器快速跳闸。如果是永久性故障（重合闸不成功），一般操作人员会进行一次强送（可能存在故障的情况，人为送电），如果成功，则正常供电，但仍需要查找故障位置，消除隐患。在上下行并联运行的分区所，线路发生故障时，必须检测到上下行母线有压方可进行重合闸，由于供电来自变压器同一相位出口馈线，所以不需要检测相角。

三、AAR 动作时限的整定

AAR 中有 KT，以作为 AAR 动作时限的整定，即当断路器跳闸后，AAR 经过整定的时限动作，使断路器重新合闸。这个时限的确定，主要考虑以下两点。

（1）断路器切断故障后，短路点的电弧熄灭、周围介质绝缘强度的恢复需要一定时间，必须在这个时间之后进行重合闸才有可能成功。

（2）断路器本身在跳闸以后，其触头周围介质绝缘强度的恢复、灭弧室灭弧能力的恢复、断路器操作机构恢复原状准备再次动作也需要一定时间，必须在这个时间之后，才能向断路器合闸线圈送去合闸脉冲。否则，如果线路有持续性短路，就可能发生断路器爆炸的危险。

在满足以上两条要求的前提下，AAR 动作时限应尽量短一些，以便迅速恢复供电。根据运行经验，AAR 动作时限一般整定为 0.5~3 s。

四、AAR 与继电保护的配合

AAR 与继电保护的配合有两种方式。

（1）前加速。当被保护线路发生短路时，继电保护在 AAR 动作之前，先不按规定时限动作，断路器跳闸，瞬时将故障切除，然后重合闸，如果重合不成功，继电保护再按规定时限动作。

（2）后加速。当被保护线路发生短路时，继电保护在 AAR 动作之前，按规定时限动作，断路器跳闸，然后重合闸，重合闸之后，如果故障仍旧存在，则继电保护不按规定时限动作，瞬时将故障切除。

前加速方式的优点是第一次跳闸快，能够迅速切除瞬时性、自消性的故障；缺点是第一次跳闸是无选择性的，如果是持续性故障，就会扩大停电范围。

后加速方式的优缺点与前加速方式正好相反。

如果保护装置比较完善，第一次有选择性动作的时限并不长，可用后加速方式。反之，可用前加速方式。

第三节 双侧电源线路的三相一次自动重合闸

在双侧电源的送电线路上实现重合闸时，除应满足在前述提出的各项要求外，还必须满足以下两个要求。

（1）当线路上发生故障时，两侧的保护装置可能以不同时限动作于跳闸。例如，在一侧为第 I 段动作，而另一侧为第 II 段动作，此时为了保证故障点电弧的熄灭和绝缘强度的恢复以使重合闸有可能成功，线路两侧的重合闸必须保证在两侧的断路器都跳闸以后再进行重合。

（2）当线路上发生故障、直接有关的断路器跳闸后，在进行重合闸时要考虑重合闸两侧电源是否同步，以及是否允许非同步合闸。

一、双侧电源线路自动重合闸主要方式

（一）非同步重合闸方式

非同步重合闸方式即当两侧断路器跳闸以后，不论两侧电源是否同步，不需要任何检查就进行重合闸，期待由系统自动拉入同步。按设计技术规定，使用非同步重合闸方式有两个条件：一是在两侧电源之间的相角差为最大值 180° 的瞬间合闸时，流过发电机、同步调相机或电力变压器的冲击电流不超过允许值；二是在非同步重合闸所产生的振荡过程中，对重要负荷的影响较小，或者可以采取措施减小其影响。

（二）检查同步重合闸方式

当在两侧电源的线路上不可能采用非同步重合闸时，应该采用检查同步重合闸。即当线路发生短路故障而两侧断路器跳闸后，先让一侧的自动重合闸动作，使对应的断路器合闸，而另一侧断路器在重合时，应进行同步条件的检查，只有当断路器两侧的电压符合同步条件（幅值相等，滑差角频率 a_3 与相角差 φ 小到允许范围内）时，才能进行重合。这种合闸方式不会产生很大的冲击电流，合闸后也能很快地拉入同步。

二、检查同步重合闸方式原理

目前，电气化铁道牵引变电所 110 kV 进线线路上，均采用检查同步重合闸方式，检查同步重合闸方式原理接线图如图 6-2 所示。这种检查同步的重合闸方式是在单端供电线路重合闸接线的基础上增加附加条件来实现的，在两侧的断路器上，除装设 ARD 外，在线路的两

侧均装设了用以检查线路有无电压的低电压继电器 KV 和检查同步的同步检查继电器 KSD。检无压的低电压继电器 KV 是由一般的低电压继电器完成的，其整定值的选择应保证在确认两侧断路器均已断开后才允许重合闸动作。根据经验，通常整定为 0.5 倍的额定电压。同步检查继电器 KSD 完成对同步条件的检查，当两侧电源的电压幅值差、频率差和相位差都在一定的允许范围内时，KSD 的常闭触点闭合，允许重合闸启动。

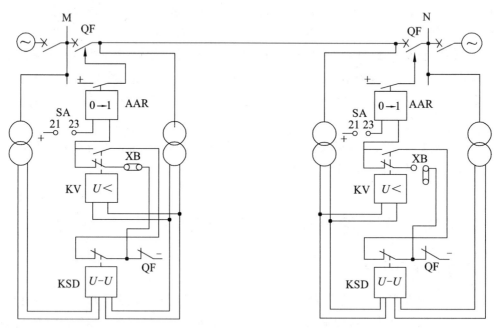

图 6-2　检查同期重合闸方式原理接线图

运行时，线路的一侧（M 侧）低电压继电器 KV 和同步检查继电器 KSD 同时投入，称为"检无压侧"；线路的另一侧（N 侧）只投入同步检查继电器 KSD，称为"检同步侧"。当线路发生故障、两侧断路器都跳闸以后，线路失去电压，KV 常开触点断开，QF 常闭触点闭合。"检无压"的 M 侧，KV 常闭触点闭合，ARD 启动，经过整定的动作时限，将该侧断路器重新合闸。如果重合至永久性故障，则该侧继电保护装置将再次动作，使断路器第二次跳闸，而后，两侧 ARD 都不启动。如果重合至暂时性故障，则 M 侧断路器重合闸成功，线路恢复电压，KV 常开触点闭合；"检同步"的 N 侧在检查两侧电源符合同步条件后，KSD 常闭触点闭合，ARD 启动，将该侧断路器重新合闸，线路即恢复正常供电。

显而易见，"检无压侧"的断路器在线路发生持续性短路的情况下，要连续两次切断短路电流。因此，该断路器的工作条件要比"检同步侧"断路器的工作条件恶劣得多。为了解决这个问题，通常在每一侧都必须装设检查线路有无电压的低电压继电器 KV 和检查同步的继电器 KSD，利用连接片定期切换工作方式，以使两侧断路器工作的条件接近相同。另外，在正常运行情况下，由于某种原因（如保护误动作、误碰跳闸机构等），使任一侧断路器误跳闸时，因为两侧均投入同步检查，所以均能由同步检查继电器启动 ARD 装置将误跳闸断路器重新合闸，以恢复正常运行。

第四节 备用电源进线和备用主变压器自动投入装置

为了提高供电系统的可靠性，保证重要用户的不间断供电，在电力线路网络系统中广泛采用备用电源自投装置（见图 6-3）。铁路牵引供电负荷属于一级电力负荷，因此备用电源自投装置也得到了广泛应用。例如，牵引变电所中的 110 kV 或 220 kV 进线自投，牵引主变压器自投，AT 供电方式下的自耦变压器自投，开闭所中的进线自投等。

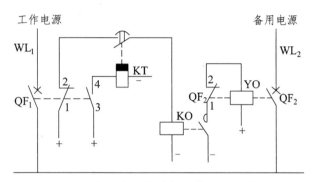

图 6-3　备用电源自动投入装置原理简图

一、备用电源自投的意义与基本要求

（一）备用电源进线自动投入的意义

备用电源进线自动投入一方面可以提高供电可靠性，另一方面可以限制短路电流，简化继电保护装置，因而在电力系统中获得广泛应用。当正常工作的牵引主变压器发生故障时，变压器保护装置中差动保护、非电量保护（如重瓦斯，温度 II 段及压力释放等）动作，将故障变压器切除，并启动备用电源自投功能，将备用变压器投入运行，以保障牵引供电系统的正常运行。

（二）备用电源自投的要求

当正在工作的进线失压后，应将进线切换到备用进线以保障牵引供电系统的正常运行。通常，备用电源的自投应满足以下要求。

（1）任何原因引起工作电源进线断电时，备用电源进线都应可靠地实现自动投入，以保障对用户正常供电的连续性。

（2）在工作电源进线断路器还未断开的情况下，不允许备用电源进线投入运行。

（3）在工作电源进线由 SA 操作分闸时，不允许备用电源进线自动投入运行。

（4）在工作电源进线失压后，首先应延时断开工作电源进线断路器。该延时的时限应满足与电力系统继电保护、自动重合闸动作时限配合的需要。

（5）电压互感器回路断线时，不应引起备用电源进线自动投入装置误动作。

二、备用电源进线和备用主变压器自动投入装置（AAP）电路

我国电气化铁路牵引变电所大部分采用"双T"型主接线，如图 6-4 所示。运行时，由一路电源进线向一台变压器供电，另一路电源进线及变压器处于备用状态。

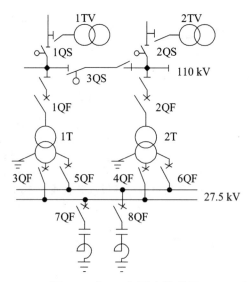

图 6-4 "双 T"型主接线图

（一）设计 AAP 所考虑的几个问题

（1）AAP 工作时，必须在工作电源进线和工作主变压器退出运行后，才能投入备用电源进线或备用主变压器。这是为了防止将备用电源通过其进线隔离开关向故障的电源线路送电，或使备用主变压器向故障的主变压器送电，而扩大故障范围。

（2）无论是工作电源进线失压，还是工作主变压器故障，AAP 都应启动，并按故障地点（是电源进线失压还是主变故障）有选择地投入备用电源进线，或者投入备用主变压器。

（3）AAP 只应动作一次，并且应在备用电源进线自动投入后尽快地返回。这是为了防止备用主变压器万一有异常情况时多次投入而使故障扩大。

（4）AAP 应在牵引侧两组并补电容器组已退出运行（并通过放电线圈放完电）的状态下投入原工作主变压器或备用主变压器。这是为了防止当并补电容器组的电源电压恢复时，电源电压与剩余电压叠加而产生危险过电压，使电容器损坏。

（二）AAP 的组成和接线说明

1. AAP 的组成

AAP 包括三部分：第一部分是启动元件，由包括失电压保护在内的各种保护装置和事故记忆继电器 KFM 组成；第二部分是执行元件，由失压记忆继电器 KLM、表示工作主变故障的出口继电器 KTE 和表示工作电源进线失压的出口继电器 KLE 组成；第三部分是检压元件，由各电源进线电压监视继电器 KVM 和表示各母线电压正常或失压的监视继电器 KNM、KBM 组成。

2. AAP 的工作原理

现以 1T 为工作主变、2T 为备用主变的各种运行方式为例，对 AAP 的工作情况分别阐述。

1）1QS、3QS、1QF 在合闸位置，2QS、2QF 在分闸位置

（1）工作电源进线失压时 AAP 的工作情况。

工作电源进线失压使 1T 所在 110 kV 母线失压，KBM 常开触点闭合，失压延时继电器 KT 线圈通电，经过整定的时限后，KT 常开触点闭合，启动 KLM，一对 KLM 常开触点闭合后准备在 KF、M 动作后自保持，另一对 KLM 常开触点闭合后接通保护出口继电器 KME 电压线圈。1KME 常开触点闭合后接通 1T 两侧断路器跳闸回路，并使 KFM 动作。KFM、1KMF、3KMF、5KMF、（1T 两侧断路器分闸位置继电器）常开触点相继闭合，以及原已闭合的 KLM 常开触点使 KLE 动作并自保持，其常开触点闭合。

一方面向 1QS、2QS 分别下达分、合闸指令。此时，1QS 由于 KBM、1KSN 常开触点闭合，分闸回路接通而分闸；2QS 由于 KVM、2KSF、常开触点闭合，合闸回路接通而合闸。

另一方面 KLE 动作后向原工作主变 1T 两侧断路器下达合闸指令。当 2QS 合闸后，使 1T 所在 110 kV 母线恢复"电压正常"，KNM 常开触点闭合；此时，如果牵引侧两组并联电容断路器都已断开（两个串联的 KMF 常开触点闭合），1T 两侧断路器的合闸回路将相继接通而合闸。随后，KDT 的延时时限已到，其常闭触点断开，使 KLE 返回；接着，KDT 和 KLM 返回，准备下次动作。此时，如果 KFM 还未返回，KDT 和 KLM 将等到 KFM 返回后才返回。

（2）工作主变故障时 AAP 的工作情况。

1T 故障时，其保护装置动作，1KME 常开触点闭合，接通 1T 两侧断路器跳闸回路，并使 KFM 动作。KFM 和 1KMF、3KMF、5KMF 常开触点相继闭合，经 KLM 常闭触点，KTE 动作并自保持，其常开触点闭合，向备用主变 2T 两侧断路器分别下达合闸指令。

由于此时备用主变 2T 所在 110 kV 母线"电压正常"，KNM 常开触点闭合；如果牵引侧两组并联电容的断路器都已分闸，则 2T 两侧断路器的合闸回路将相继接通而合闸。随后，KDT 延时时限已到，其常闭触点断开，使 KTE 返回。接着，KDT 返回。

2）2QS、3QS、1QF 在合闸位置，1QS、2QF 在分闸位置

（1）工作电源进线失压时 AAP 的工作情况。

与 2-1）-（1）所述情况相似，不同的是 KLE 动作后，向 2QS、1QS 分别下达分、合闸指令，2QS 分闸，1QS 合闸，然后使 1T 两侧断路器相继重新合闸。

（2）工作主变故障时 AAP 的工作情况。

与 2-1）-（1）所述情况完全相同。

3）1QS、1QF 在合闸位置，2QS、3QS、2QF 在分闸位置

由于在 KTE 和 KLE 的启动回路之间跨接 3QS 的分闸位置继电器 3KSF 的常开触点，正常运行方式下，该触点闭合，所以无论是工作电源进线失压还是工作主变故障，都将使 KTE 和 KLE 同时动作。KLE 动作后，向 2QS 发出合闸指令（1QS 同时接到分闸指令，只写在工作电源进线失压时才分闸），2QS 合闸（如果故障前 2QS 已在合闸位置，此合闸指令无意义则自动取消）。KTE 动作后，向 2T 两侧断路器下达合闸指令，如果合闸条件满足，便相继合闸。

思考与练习

一、填空题

1. 目前自动重合闸与继电保护配合的方式主要有两种，即_____和_____。

2. _____装置是将因故障跳开后的断路器按需要自动投入的一种自动装置。

3. 三相一次自动重合闸装置通常由_____元件、_____元件、_____元件和_____元件组成。

4. 单相重合闸是指线路上发生_____故障时，保护动作只跳开故障相的断路器，然后进行单相重合。

5. 自动重合闸作用在线路上发生暂时性故障时，以迅速恢复供电，从而可提高供电的_____。

6. 值班人员手动合闸于故障线路，继电保护动作将断路器跳开，自动重合闸将_____。

二、判断题

1. 启动元件的作用是当断路器跳闸之后，使重合闸的延时元件启动。 （　　）

2. "前加速"保护的优点是第一次跳闸是有选择性的动作，不会扩大事故。 （　　）

3. 对输电线路的自动重合闸装置的要求有：动作迅速、允许任意多次重合、手动跳闸不应重合。 （　　）

4. 三相一次自动重合闸装置通常由启动元件、延时元件、一次合闸脉冲元件组成。（　　　）

5. 自动重合闸与继电保护的配合的方式主要有两种：自动重合闸前加速保护动作、自动重合闸后加速保护动作。　　　　　　　　　　　　　　　　　　　　　（　　　）

三、简答题

1. 输电线路及牵引网为什么要装设自动重合闸装置？对自动重合闸有哪些基本要求？

2. 自动重合闸的基本要求是什么？

3. 请简述三相一次自动重合完成一次合闸的工作过程。

第七章 母线保护及断路器失灵保护

【学习目标】

（1）理解母线保护的概念。
（2）掌握母线差动保护的工作原理。
（3）理解提高母线保护的可靠措施。
（4）理解失灵保护的概念。
（5）掌握断路器失灵保护的原理与措施。

第一节 母线保护故障和装设母线保护基本原则

一、概　述

母线是发电厂和变电站的重要组成部分之一，又称为汇流排，是汇集电能及分配电能的重要设备。

母线的接线方式种类很多，应根据发电厂或变电站在电力系统中的地位、母线的工作电压、连接元件的数量及其他条件，选择最适宜的接线方式。

（一）单母线和单母线分段

单母线及单母线分段的接线方式如图 7-1 所示。

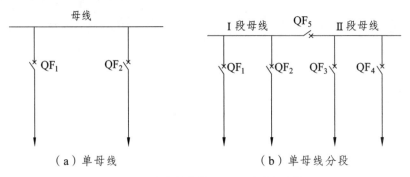

（a）单母线　　　　　　　　　　（b）单母线分段

$QF_1 \sim QF_4$——出线断路器；QF_5——分段断路器。

图 7-1　单母线及单母线分段接线

在发电厂或变电站，当母线电压为 35 ~ 66 kV、出线数较少时，可采用单母线接线方式；而当出线较多时，可采用单母线分段。对于 110 kV 母线，当出线数不大于 4 回线时，可采用单母线分段。

（二）双母线

在大型发电厂或枢纽变电站，当母线电压为 110 kV 以上、出线在 4 回以上时，一般采用双母线接线方式，如图 7-2 所示。

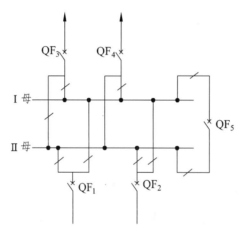

QF$_1$ ~ QF$_4$—出线断路器；QF$_5$—母联断路器。

图 7-2 双母线接线

（三）角形母线

出线回路不多的发电厂，其高压母线可采用角形接线，如图 7-3 所示。

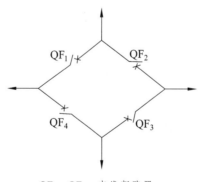

QF$_1$ ~ QF$_4$—出线断路器。

图 7-3 角形接线母线

（四）3/2 断路器母线

当母线故障时，为减少停电范围，220 kV 及以上电压等级的母线可采用 3/2 断路器母线的接线方式。其接线如图 7-4 所示。

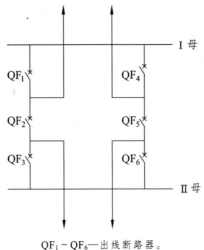

QF₁～QF₆—出线断路器。

图 7-4　3/2 断路器母线接线方式

断路器 QF₁～QF₃组成一串；断路器 QF₄～QF₆组成另一串。QF₂、QF₅称为串中间断路器。

二、母线故障和装设母线保护基本原则

（一）母线故障的特点

（1）在大型发电厂和枢纽变电站，母线连接元件众多，主要连接元件除主变及出线单元以外，还有电压互感器、接地闸刀等。

（2）实践表明：在众多的连接元件中，由于绝缘子的老化、污秽引起的闪络接地故障和雷击造成的短路引起的母线电压和电流互感器故障甚多；此外，运维人员的误操作，如带负荷拉隔离开关、带地线合断路器造成的母线故障也有发生。

（3）母线的故障类型主要有单相接地故障和相间短路故障，两相接地短路故障及三相短路故障的出现概率较小。

（二）装设母线保护基本原则

当发电厂和变电站母线发生故障时，如不及时切除故障，将会损坏众多电力设备及破坏系统的稳定性，从而造成全厂或全变电站大停电，乃至全电力系统瓦解。因此，设置动作可靠、性能良好的母线保护，使之能迅速检测出母线故障所在，并及时有选择性地切除故障是非常必要的。

1. 对母线保护的要求

与其他主设备保护相比，对母线保护的要求更苛刻。

1）高度的安全性和可靠性

母线保护的拒动及误动将造成严重的后果。母线保护误动将造成大面积停电；母线保护的拒动更为严重，可能造成电力设备的损坏及系统的瓦解。

2）选择性强、动作速度快

母线保护不但要能很好地区分区内故障和外部故障，还要确定哪条或哪段母线故障。由于母线影响到系统的稳定性，尽早发现并切除故障尤为重要。

2. 对电流互感器的要求

母线保护应接在专用 TA 二次回路中，且要求在该回路中不接入其他设备的保护装置或测量表计。TA 的测量精度要高，暂态特性及抗饱和能力强。

母线 TA 在电气上的安装位置，应尽量靠近线路或变压器一侧，使母线保护与线路保护或变压器保护有重叠保护区。

3. 与其他保护及自动装置的配合

由于母线保护关联到母线上的所有出线元件，因此，在设计母线保护时，应考虑与其他保护及自动装置相配合。

1）母差保护动作后作用于纵联保护停信（对闭锁式保护而言）

当母线发生短路故障（故障点在断路器与 TA 之间）或断路器失灵时，为使线路对侧的高频保护迅速作用于跳闸，母线保护动作后应使本侧的收发信机停信。

2）闭锁线路重合闸

当发电厂或重要变电站母线上发生故障时，为防止线路断路器对故障母线进行重合，母线保护动作后，应闭锁线路重合闸。

3）启动断路器失灵保护

为使在母线发生短路故障而某一断路器失灵或故障点在断路器与 TA 之间时，失灵保护能可靠切除故障，在母线保护动作后，应立即启动失灵保护。

第二节 母线电流差动保护基本原理

一、定 义

因为母线上只有进出线路，在正常运行的情况下，进出电流的大小相等，相位相同。如果母线发生故障，这一平衡就会被破坏。有的保护采用比较电流是否平衡，有的保护采用比较电流相位是否一致，有的二者兼有，一旦判别出母线故障，立即启动保护动作元件，跳开母线上的所有断路器。如果是双母线并列运行，有的保护会有选择地跳开母联开关和有故障母线的所有进出线路断路器，以缩小停电范围。

电流差动母线保护原理是母线保护的一种最常用的保护原理，其主要原理依据是基尔霍夫电流定律。对于一个母线系统，母线上有 n 条支路。

$$I_d = I_1 + I_2 + I_3 + \cdots + I_n$$

I_d 为流入母线的和电流，即母线保护的差动电流。当系统正常运行或外部发生故障时，流入母线的电流和为零，母线保护不动作。当母线发生故障时，I_d 等于流入故障点的电流，如果大于母线保护所设定的动作电流，母线保护将会动作。

二、母差保护的分类

就其作用原理而言，所有母线差动保护均是反映母线上各连接单元 TA 二次电流的向量和的。当母线上发生故障时，各连接单元的电流均流向母线；而在母线之外（线路上或变压器内部）发生故障，各连接单元的电流有流向母线的，有流出母线的。母线上故障母差保护应动作，而母线外故障母差保护可靠不动作。

若按母差保护差动回路中的阻抗分类，可分为高阻抗母差保护、中阻抗母差保护和低阻抗母差保护。低阻抗母差保护通常叫作电流型母线差动保护。根据动作条件分类，电流型母线差动保护又可分为电流差动式母差保护、母联电流比相式母差保护及电流相位比较式母差保护。

三、母线差动保护原理

（一）母线完全差动保护

1. 母线完全差动保护概念

母线完全差动保护是将母线上所有的连接元件的电流互感器按同名相、同极性连接到差动回路，电流互感器的特性与变比均应相同，若变比不能相同时，可采用补偿变流器进行补偿，满足 $\sum I = 0$。差动继电器的动作电流按下述条件计算、整定，取其最大值。

（1）躲开外部短路时产生的不平衡电流。

（2）躲开母线连接元件中最大负荷支路的最大负荷电流，以防止电流二次回路断线时误动。

母线不完全差动保护只需将连接于母线的各有电源元件上的电流互感器接入差动回路，在无电源元件上的电流互感器不接入差动回路。因此在无电源元件上发生故障，它将动作。电流互感器不接入差动回路的无电源元件是电抗器或变压器。

2. 母线完全差动保护的性能分析

母线完全差动保护的优点是：

（1）各组成元件和接线比较简单，调试方便，运行人员易于掌握。

（2）采用速饱和变流器可以较有效地防止由于区外故障一次电流中的直流分量导致电流互感器饱和引起的保护误动作。

（3）当元件固定连接时母线差动保护有很好的选择性。

（4）当母联断路器断开时母线差动保护仍有选择能力，在两条母线先后发生短路时母线差动保护仍能可靠地动作。

3. 母线完全差动保护的缺点

（1）运行方式破坏时，如任一母线上发生短路故障，就会将两条母线上的连接元件全部切除。因此，它适应运行方式变化的能力较差。

（2）由于采用了带速饱和变流器的电流差动继电器，其动作时间较慢（约有 30~40 ms 的动作延时），不能快速切除故障。

（3）如果启动元件和选择元件的动作电流按躲避外部短路时的最大不平衡电流整定，其灵敏度较低。

4. 固定连接方式的母线完全差动保护

双母线同时运行方式下，按照一定的要求，将引出线和有电源的支路分配固定连接于两条母线上，这种母线称为固定连接母线。这种母线的差动保护称为固定连接方式的母线完全差动保护。对它的要求是某一母线故障时，只切除接于该母线的元件，另一母线可以继续运行，即母线差动保护有选择故障母线的能力。当运行的双母线的固定连接方式被破坏时，该保护将无选择故障母线的能力，而将双母线上所有连接的元件切除。

（二）母联电流相位

母联电流相位比较式母线差动保护主要是在母联开关上使用比较两电流相量的方向元件，引入的一个电流量是母线上各连接元件电流的相量和（即差电流），引入的另一个电流量是流过母联开关的电流。正常运行和区外短路时，差电流很小，方向元件不动作；母线故障时，不仅差电流很大且母联开关的故障电流由非故障母线流向故障母线，具有方向性，因此方向元件动作且具有选择故障母线的能力。

1. 母联电流相位比较式母线差动保护的主要优点

这种母线差动保护不要求元件固定连接于母线，可大大地提高母线运行方式的灵活性。这是它的主要优点。

2. 母联电流相位比较式母线差动保护的主要缺点

（1）正常运行时母联断路器必须投入运行。

（2）当母线故障，母线差动保护动作时，如果母联断路器拒动，将造成由非故障母线的连接元件通过母联断路器供给短路电流，使故障不能切除。

（3）当母联断路器和母联断路器的电流互感器之间发生故障时，将会切除非故障母线，而故障母线反而不能切除。

（4）每条母线一定要有电源，否则有电源母线发生故障时，母联断路器无电流流过，母差比相元件不能动作，母线差动保护将拒动。

（5）两组母线相继发生故障时，只能切除先发生故障的母线，后发生故障的母线因母联断路器已跳闸，选择元件无法进行相位比较而不能动作，因而不能切除。

四、提高母线差动保护动作可靠性措施

（一）CT 断线告警

为提高 CT 断线灵敏度，增加 CT 断线告警逻辑，当大差电流大于 CT 断线告警定值时，延时 9 s（5 s）发 CT 断线告警信号，但不闭锁差动保护。电流回路正常后，0.9 s 自动恢复正常运行。

（二）CT 断线闭锁

大差电流大于 CT 断线闭锁定值时，延时 9 s（5 s）发 CT 断线告警信号，同时闭锁差动保护。电流回路正常后，0.9 s 自动恢复正常运行。（RCS-915 装置不能自动恢复正常运行，需复归按钮后，母差保护才能恢复运行）CT 断线相闭锁差动保护，非断线相不闭锁。防止母线发生其他相故障时母差保护拒动。

（三）母联 CT 断线

当与联络开关相连的两段母线小差电流越限，且大差小于 $0.04I_n$ 时（大差电流小，小差电流大），报母联 CT 断线，同时发"母线互联"信号。发生区内故障时，差动保护按照互联逻辑动作出口，不再根据小差电流进行故障母线的选择，直接跳两段母线。单纯的母联 CT 断线不闭锁差动保护，小差变大差。

（四）PT 断线告警

任何一段非空母线电压闭锁元件动作（开放），延时 9 s 发 PT 断线告警信号。该段母线的复合电压闭锁元件将一直开放，对其他保护没有影响。电压回路正常后，0.1 s（10 s）自动恢复正常运行。PT 断线不闭锁母线差动保护，电压判据、电流判据都是分母线进行的。

第三节　断路器失灵保护

一、断路器失灵

当输电线路、变压器、母线或其他主设备发生短路，保护装置动作并发出了跳闸指令，但故障设备的断路器拒绝动作时，称之为断路器失灵。

（一）断路器失灵的原因

运行实践表明，发生断路器失灵故障的原因很多，主要有：断路器跳闸线圈断线、断路器操作机构出现故障、空气断路器的气压降低或液压式断路器的液压降低、直流电源消失及控制回路故障等。其中发生最多的是气压或液压降低、直流电源消失及操作回路出现问题。

（二）断路器失灵的影响

系统发生故障之后，如果出现了断路器失灵而又没采取其他措施，将会造成严重的后果。

1. 损坏主设备或引起火灾

如变压器出口短路而保护动作后断路器拒绝跳闸，将严重损坏变压器或造成变压器着火。

2. 扩大停电范围

如图 7-5 所示，当线路 L_1 上发生故障断路器 QF_5 跳开而断路器 QF_1 拒动时，只能由线路 L_3、L_2 对侧的后备保护及发电机变压器的后备保护切除故障，即断路器 QF_6、QF_7、QF_4 将被切除。这样扩大了停电的范围，将造成很大的经济损失。

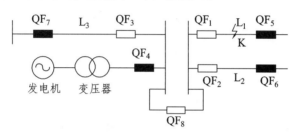

图 7-5　断路器失灵事故扩大示意图

3. 可能使电力系统瓦解

当发生断路器失灵故障时，要靠各相邻元件的后备保护切除故障，扩大了停电范围，有可能切除许多电源；另外，由于故障被切除时间过长，影响了运行系统的稳定性，有可能使系统瓦解。

二、断路器失灵保护

为防止电力系统故障并伴随断路器失灵造成的严重后果，必须装设断路器失灵保护。

在 DL400—91 继电保护和安全自动装置技术规程中规定：在 220～500 kV 电力网中，以及 110 kV 电力网的个别重要系统中，应按规定设置断路器失灵保护。

（一）对断路器失灵保护的要求

1. 高度的安全性和可靠性

断路器失灵保护与母差保护一样，其误动或拒动都将造成严重后果。因此，要求其安全性及动作可靠性高。

2. 动作选择性强

断路器失灵保护动作后，宜无延时再次去跳断路器。对于双母线或单母线分段接线，保护动作后以较短的时间断开母联或分段断路器，再经另一时间断开与失灵断路器接在同一母线上的其他断路器。

3. 与其他保护的配合

断路器失灵保护动作后，应闭锁有关线路的重合闸。

对于 $1\frac{1}{2}$ 断路器接线方式，当一串的中间断路器失灵时，失灵保护则应启动远方跳闸装置，断开对侧断路器，并闭锁重合闸。

对多角形接线方式的断路器，当断路器失灵时，失灵保护也应启动远方跳闸装置，并闭锁重合闸。

（二）构成原理

被保护设备的保护动作，其出口继电器接点闭合，断路器仍在闭合状态且仍有电流流过断路器，则可判断为断路器失灵。

断路器失灵保护启动元件就是基于上述原理构成的。

（三）断路器失灵保护的构成原则

（1）断路器失灵保护应由故障设备的继电保护启动，手动跳断路器时不能启动失灵保护。

（2）在断路器失灵保护的启动回路中，除有故障设备的继电保护出口接点之外，还应有断路器失灵判别元件的出口接点（或动作条件）。

（3）失灵保护应有动作延时，且最短的动作延时应大于故障设备断路器的跳闸时间与保护继电器返回时间之和。

（4）正常工况下，失灵保护回路中任一对触点闭合，失灵保护不应被误启动或误跳断路器。

（四）失灵保护的逻辑框图

断路器失灵保护由四部分构成：启动回路、失灵判别元件、动作延时元件及复合电压闭锁元件。双母线断路器失灵保护的逻辑框图如图 7-6 所示。

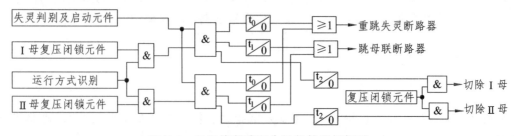

图 7-6　双母线断路器失灵保护逻辑框图

1. 失灵启动及判别元件

失灵启动及判别元件由电流启动元件、保护出口动作接点及断路器位置辅助接点构成。

电流启动元件一般由三个相电流元件组成，当灵敏度不够时还可以接入零序电流元件。保护出口跳闸接点有两类。在超高压输电线路保护中，有分相跳闸接点和三相跳闸接点，而在变压器或发变组保护中只有三跳接点。

保护出口跳闸接点不同，失灵启动及判别元件的逻辑回路有差别。线路断路器失灵保护及变压器或发变组断路器失灵保护的失灵启动及判别回路，分别如图 7-7 和图 7-8 所示。

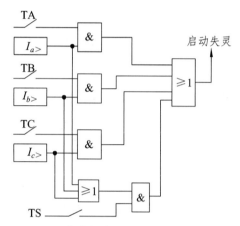

图 7-7 线路断路器失灵保护启动回路

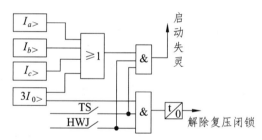

TA、TB、TC—线路保护分相跳闸出口继电器接点；TS—三跳出口继电器接点；
HWJ—断路器合闸位置继电器接点，断路器合闸时闭合；
$I_{a>}$、$I_{b>}$、$I_{c>}$—a、b、c 相过电流元件；
$3I_{0>}$—零序过电流元件。

图 7-8 变压器（发变组）断路器失灵启动回路

由图 7-7 可以看出：线路保护任一相出口继电器动作或三相出口继电器动作，若流过某相断路器的电流仍然存在，则判为断路器失灵，启动失灵保护。

在图 7-8 中，继电保护出口继电器接点 TS 闭合，断路器仍在合位（合位继电器接点 HWJ 闭合）且流过断路器的相电流或零序电流仍然存在，则启动失灵，并经延时解除失灵保护的复合电压闭锁元件。

2. 复合电压闭锁元件

复合电压闭锁元件的作用是防止失灵保护出口继电器误动或维护人员误碰出口继电器接

点而造成误跳断路器。当满足动作条件时，复合电压闭锁元件动作。双母线的复合电压闭锁元件有两套，分别用于两条母线所接元件的断路器失灵判别及跳闸回路的闭锁。

3. 运行方式的识别

运行方式识别回路用于确定失灵断路器接在哪条母线上，从而决定失灵保护切除该条母线。

断路器所接的母线由隔离刀闸位置决定。因此，用隔离刀闸辅助接点来进行运行的识别。

4. 动作延时

根据对失灵保护的要求，其动作延时应有两个：以 $0.2 \sim 0.3$ s 的延时跳母联开关；以 0.5 s 的延时切除失灵断路器母线上连接的其他元件。

（五）提高失灵保护可靠性的其他措施

失灵保护动作后将跳开母线上的各断路器，影响面很大，因此要求失灵保护十分可靠。

1. 把好安装调试关

断路器失灵保护二次回路涉及面广，与其他保护、操作回路相互依赖性高，投运后很难有机会再对其进行全面校验。因此，在安装、调试及投运试验时应把好质量关，确保不留隐患。

2. 在失灵启动回路中不能使用非电量保护出口接点

非电气量保护主要有：重瓦斯保护、压力保护、发电机的断水保护及热工保护等。因为非电气量保护动作后不能快速自动返回，容易造成误动。

另外，要求相电流判别元件的动作时间和返回时间要快，均不应大于 20 ms。

3. 复合电压闭锁方式

对于双母线断路器失灵保护，复合电压闭锁元件应设置两套，分别接在各自母线 TV 二次回路上，并分别作为各自母线失灵跳闸的闭锁元件。

闭锁方式，应采用接点闭锁，分别串接在各断路器的跳闸回路中。

4. 复合电压闭锁元件应有一定的延时返回时间

双母线接线的每条母线上均设置有一组 TV。正常运行时其失灵保护的两套复合电压闭锁元件分别接在各自母线上的 TV 二次回路上。但当一条母线上的 TV 检修时，两套复合电压闭锁元件将由同一个 TV 供电。

设 I 母上的 TV 检修，与 I 母连接的系统内出现短路故障 I 母所连的某一出线的断路器失灵。此时失灵保护动作，以短延时跳开母联。由于失灵保护的两套复合电压闭锁元件均由 II 母 TV 供电，而在母联开关跳开后 II 母电压恢复正常，复合电压元件不会动作，失灵保护无法将接在 I 母上各元件的断路器跳开。

为了确保失灵保护能可靠切除故障，复合电压闭锁元件有 1 s 的延时返回时间是必要的。

思考与练习

一、填空题

1. 母线的保护方式有利用_____切除母线故障，采取_____切除母线故障。

2. 按差动原理构成的母线保护，能够使保护动作具有_____和_____。

3. 母线差动保护的差动继电器动作电流的整定按躲过_____时最大不平衡电流和躲过_____电流计算。

4. 母线电流相位比较式母线差动保护，被比较相位的两个电流是_____和_____。

5. 断路器失灵保护，是近后备中防止_____拒动的一项有效措施，只有当远后备保护不能满足_____要求时，才考虑装设断路器失灵保护。

6. 母线不完全差动保护是指只需在有电源的元件上装设_____和_____完全相同的 D 级电流互感器。

7. 母线不完全差动保护由_____和_____两部分组成。

8. 断路器失灵保护由_____起动，当断路器拒动失灵保护动作后切除_____断路器。

二、判断题

1. 对于中性点非直接接地电网，母线保护采用三相式接线。（　　）

2. 母线完全电流差动保护对所有连接元件上装设的电流互感器的变比应相等。（　　）

3. 电流相位比较式母线保护的工作原理是根据母线外部故障或内部故障时连接在该母线上各元件电流相位的变化来实现的。（　　）

4. 电流比相母线保护只与电流的相位有关，而与电流的幅值无关。（　　）

5. 母线完全差动保护是在母线的所有连接元件上装设专用的电流互感器，而且这些电流互感器的变比和特性完全相同。（　　）

6. 失灵保护是当主保护或断路器拒动时用来切除故障的保护。（　　）

7. 断路器失灵保护是近后备保护中防止断路器拒动的一项有效措施，只有当远后备保护不能满足灵敏度要求时，才考虑装设断路器失灵保护。（　　）

8. 为保证安全，母线差动保护装置中各元件的电流互感器二次侧应分别接地。（　　）

三、判断题

1. 断路器失灵保护是（　　　）。

A. 一种近后备保护，当故障元件的保护拒动时，可依靠该保护切除故障

B. 一种远后备保护，当故障元件的断路器拒动时，必须依靠故障元件本身保护的动作信号起动换灵保护以后切除故障点

C. 一种近后备保护，当故障元件的断路器拒动时，可依靠该保护隔离故障点

D. 一种远后备保护，当故障元件的保护拒动时，可依靠该保护切除故障

2. 在输电线路发生故障时，保护发出跳闸脉冲，如断路器失灵时，断路器失灵保护动作（   ）。

A. 再次对该断路器发出跳闸脉冲

B. 跳开连接于该线路有电源的断路器

C. 只跳开母线的分断断路器

3. 如图 7-9 所示，中阻抗型母差保护中使用的母联断路器电流取自靠 Ⅱ 母侧电流互感器，如母联断路器的跳闸保险烧坏（即断路器无法跳闸），现 Ⅱ 母发生故障，在保护正确工作的前提下将不会出现的是（   ）。

A. Ⅱ母差动保护动作，丙、丁断路器跳闸，甲、乙线路因母差保护停信由对侧高频闭锁保护在对侧跳闸，切除故障，全站失压

B. Ⅱ母差动保护动作，丙、丁断路器跳闸，失灵保护动作，跳甲、乙断路器，切除故障，全站失压

C. Ⅱ母差动保护动作，丙、丁断路器跳闸，因母联断路器跳不开，导致 Ⅰ 母差动保护动作，跳甲、乙两条线路，全站失压

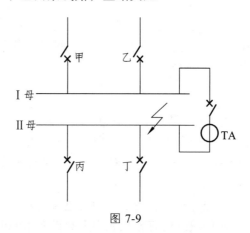

图 7-9

4. 断路器失灵保护动作的必要条件是（   ）。

A. 失灵保护电压闭锁回路开放，本站有保护装置动作且超过失灵保护整定时间仍未返回

B. 失灵保护电压闭锁回路开放，故障元件的电流持续时间超过失灵保护整定时间仍未返回，且故障元件的保护装置曾动作

C. 失灵保护电压闭锁回路开放，本站有保护装置动作，且该保护装置和与之相对应的失灵电流判别元件的持续动作时间超过失灵保护整定时间仍未返回

四、简答题

1. 在母线完全电流差动保护中，母线的所有连接元件上，为什么都装设相同变比和特性的电流互感器？

2. 何谓母线不完全差动电流保护？它有何优缺点？

3. 母线发生故障的原因有哪些？

五、综合题

事故简述：1999 年 3 月 23 日 7 时 36 分，某变电站 220 kV 甲乙线线路单相瞬时故障，重合成功、故障同时 220 kV Ⅱ 母线差动保护误动，跳开 Ⅱ 母线所连接的各元件断路器。

事故分析：事故后检查发现造成这次母差保护误动的原因为 Ⅱ 母线所接 220 kV 甲乙线母差 TA 保护器击穿，造成甲乙线母差 TA 短接，故在 220 kV 甲乙线出现故障时，Ⅱ 母线母差保护误动。通过以上事故简述和分析：（1）对事故的防范对策是什么？（2）有什么经验教训？

第八章　变压器保护

【学习目标】

（1）能正确区分变压器的运行状态。

（2）掌握变压器的保护配置原则。

（3）能正确进行变压器的保护配置。

（4）掌握瓦斯保护的构成及工作原理。

（5）能正确进行瓦斯保护的接线及整定计算。

（6）掌握纵差动保护的构成及工作原理。

（7）能正确进行纵差动保护的接线及整定计算。

（8）掌握电流保护的工作原理及整定计算。

第一节　变压器的运行状态及相应的保护配置

一、变压器的运行状态

变压器有正常运行、不正常运行和短路故障三种运行状态。

（一）变压器的正常运行状态

变压器的正常运行是变压器最常见的一种运行方式。

（二）变压器的不正常运行状态

变压器的不正常运行状态包括变压器过负荷运行、变压器外部负荷侧短路故障引起的线圈过电流、风扇故障或油箱严重漏油、变压器过热等。这些不正常运行状态会引起变压器线圈、铁心过热，加速绝缘老化等。变压器处于不正常运行状态时，继电保护应根据其严重程度，发出告警信号，使运行人员及时发现并采取相应的措施，以确保变压器的安全。

（三）变压器的短路故障状态

铁道供电系统中变压器大多为油浸式的，其高低压绕组均在油箱内，故变压器的故障可分为油箱内部故障和油箱外部故障两种。

油箱内故障包括绕组的相间短路、匝间短路、接地短路和铁心烧损等，其中绕组匝间短路故障比较常见，而绕组相间短路故障比较少。油箱内故障非常危险，故障点的高温电弧不仅会烧毁绕组和铁心，还会使变压器油绝缘分解产生大量气体，可能引起变压器油箱爆炸的严重后果。

油箱外部故障包括套管和引出线上发生相间短路和接地短路。此类故障为变压器常见故障。油箱外短路故障将使供电电压严重降低并导致变压器线圈过热，加速线圈绝缘老化。

对于变压器发生的各种故障，保护装置应尽快将变压器切除。实践表明，变压器套管和引出线上的相间短路、接地短路和绕组的匝间短路是比较常见的故障形式，而变压器油箱内发生相间短路故障的情况比较少。

二、变压器保护配置原则

针对上述变压器的各种故障与不正常运行状态，变压器通常装设有多种保护装置。其保护装置的设置必须满足以下要求：当变压器发生故障时，保护装置应可靠而迅速地动作；当变压器处于不正常运行状态时，应发出相应的报警信号。

（一）变压器的主保护

该保护用于反应变压器短路故障，应瞬时动作，跳开变压器各电源侧的断路器，使变压器退出运行。

变压器的主保护由重瓦斯保护和纵差动保护或电流速断保护组成。

1. 重瓦斯保护

对变压器油箱内的各种故障及油面的降低，应装设重瓦斯保护。它根据油箱内部所产生的气体或油流而动作，动作于跳开变压器各电源侧的断路器。

装设重瓦斯保护的变压器容量界限：800 kV·A 及以上的户外油浸式变压器和 400 kV·A 及以上的户内油浸式变压器。

2. 纵差动保护或电流速断保护

对变压器绕组、套管及引出线上的故障，应根据容量的不同，装设纵差动保护或电流速断保护。

纵差动保护适用于：6 300 kV·A 以上并列运行的变压器，10 000 kV·A 以上单独运行的变压器。

电流速断保护适用于：10 000 kV·A 以下的变压器，且其过电流保护的时限大于 0.5 s 时。

对于 2 000 kV·A 以上的变压器，当电流速断保护的灵敏度不能满足要求时，也应装设纵差动保护。

（二）变压器的后备保护

对用于变压器短路故障的后备保护，当主保护拒动时，由后备保护经一定延时后动作，变压器退出运行。后备保护主要包括过电流保护、复合电压启动的过电流保护、低电压自动的过电流保护、零序过电流保护等。

1. 过电流保护

过电流保护用于反应外部相间短路引起的变压器过电流，同时作为变压器内部相间短路的后备保护。

2. 低电压启动的过电流保护

当采用一般过电流保护而灵敏度不能满足要求时，可采用低电压启动的过电流保护。

3. 复合电压启动的过电流保护

复合电压启动的过电流保护是用复合电压元件取代低电压元件，使保护电压元件的灵敏度进一步提高。

4. 零序过电流保护

在电压为 110 kV 及以上中性点直接接地电网的变压器上，一般应装设零序过电流保护，主要用来对变压器外部接地短路引起的变压器过电流做出反应，同时作为变压器内部接地短路的后备保护。

（三）变压器的辅助保护

该保护用于反应变压器的不正常运行状态，辅助保护动作后，一般只发出报警信号。主要包括过负荷保护、过热保护和轻瓦斯保护。

1. 过负荷保护

过负荷保护用于监视变压器的过负荷运行。数台变压器并列运行或单独运行作为其他负荷的备用电源时，应装设过负荷保护。

2. 过热保护

过热保护用于监视变压器的上层油温，使其不超过规定值。过热保护一般经延时动作于发信号或启动变压器的冷却装置。

3. 轻瓦斯保护

轻瓦斯保护反应变压器油箱内的轻微短路故障和油面的严重降低。

第二节　变压器的瓦斯保护

一、瓦斯保护的作用

油浸式变压器内部充满有良好绝缘和冷却性能的变压器油，油面高于油箱直达油枕的中部。油箱内发生任何类型的故障或不正常运行状态都会引起油箱内部油的状态变化。当变压器发生内部故障时，由于短路电流和电弧的作用，故障点附近的绝缘物和变压器油分解而产生气体，由于气体的上升和压力的增大形成油气流。利用油气流流速来监测变压器油箱内部短路故障的保护称为瓦斯保护。瓦斯保护在变压器油箱内部故障时，有着独特的、其他保护所不具备的优点。如绕组匝间短路，会在短路的线匝内产生环流，使绕组和铁心局部发热，绝缘老化甚至损坏，发展为各种严重的短路故障，此时变压器油箱外部电路中，因绕组匝间短路产生的电流值不足以使其他保护动作，只有瓦斯保护能够灵敏动作发出信号或跳闸。因此，变压器的瓦斯保护是一种反应变压器内部故障的、相当灵敏的、不能取代的、最有效的保护。

二、瓦斯继电器

瓦斯保护的主要元件是瓦斯继电器，又称为气体继电器，符号为 KG。它是一种反映气体变化的继电器，装设在油浸式变压器的油箱与油枕之间的联通管中部。

为了使油箱内的气体能顺利通过瓦斯继电器而流向油枕，在安装变压器时，要求其顶盖与水平面之间有 1%～1.5%的坡度，使安装继电器的连接管有 2%～4%的坡度，均朝油枕的方向向上倾斜，如图 8-1 所示。

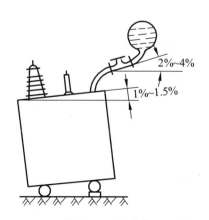

图 8-1　瓦斯继电器安装位置示意图

（一）瓦斯继电器的结构

常用的瓦斯继电器有两种：浮子式和挡板式。挡板式瓦斯继电器是将浮子式的下浮子改为挡板结构。挡板式结构又分为浮筒挡板式和开口杯挡板式两种形式。目前常用的是 QJ 系列和 FJ 系列的瓦斯继电器，如图 8-2 所示。该继电器采用开口杯挡板式，其中开口杯 1、2和平衡锤固定在它们之间的一个转轴上，对应有两对干簧触点，上开口杯 2 反映油箱内的不正常状态或轻度故障，对应的触点是轻瓦斯触点，用于发出信号；下开口杯 1 反映变压器油箱内的严重故障，对应的触点是重瓦斯触点，用于断路器的跳闸。

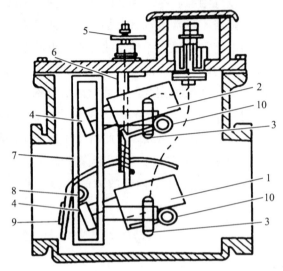

1—下开口杯；2—上开口杯；3—干簧触点；4—平衡锤；5—放气阀；
6—探针；7—支架；8—挡板；9—进油挡板；10—永久磁铁。

图 8-2 FJ3-80 型瓦斯继电器结构图

（二）瓦斯继电器的工作原理

变压器正常运行时，瓦斯继电器内部的上、下开口杯都浸于油中，通过调整平衡锤的位置，使固定在上、下开口杯上的永久磁铁远离下部干簧触点，此时上下两对干簧触点都是断开的。

当变压器油箱内发生轻微短路故障时,因故障产生的少量气体由油箱进入瓦斯继电器中,并聚集在其顶部。随着气体量的增多，气体压力增加，迫使油面下降，上开口杯逐渐露出油面，失去油的浮力，开口侧的力矩大于平衡锤产生的力矩而顺时针方向转动，带动永久磁铁靠近上部干簧触点，使触点闭合，发出轻瓦斯动作信号。同理，当变压器油箱漏油比较严重时，也会出现上述轻瓦斯保护动作。

当变压器油箱内发生严重短路故障时，由于故障产生的气体很多，油气流迅速由变压器油箱冲击到联通管进入油枕。大量的油气混合体在经过瓦斯继电器时，由进油挡板 9 进入，冲击挡板 8，推动下开口杯顺时针方向偏转，带动永久磁铁靠近干簧触点，干簧触点闭合，由此发出断路器跳闸命令。

三、瓦斯保护

（一）瓦斯保护装置的接线

瓦斯保护装置的接线原理图如图 8-3 所示。

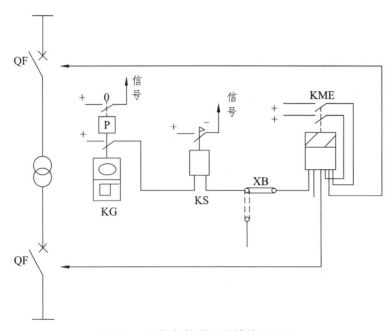

图 8-3 瓦斯保护装置的接线原理图

轻瓦斯动作时，瓦斯继电器 KG 的上触点闭合，发出轻瓦斯信号。重瓦斯动作时，KG 的下触点闭合，发出重瓦斯信号，启动出口中间继电器 KME 动作，同时接通变压器两侧的断路器跳闸回路。

在变压器加油、换油后及气体继电器试验时，为了防止重瓦斯误动作，可利用连接片 XB 使重瓦斯暂时改接到信号位置，直至不再有空气逸出为止，大约需要两至三天。必须注意，在瓦斯继电器试验时也应切换至信号。

（二）瓦斯保护的整定

轻瓦斯保护的动作值按气体的容积来整定，一般整定范围为 $250 \sim 300$ cm^3。气体容积的调整是通过改变平衡锤的位置来实现的。

重瓦斯保护的动作值是按油流的流速表示的，一般整定范围为 $0.6 \sim 1.0$ m/s（指在瓦斯继电器安装导管油流的速度）。

（三）瓦斯保护的优缺点

瓦斯保护动作迅速，灵敏度高，接线和安装简单，能对变压器油箱内部各种类型的故障做出反应，尤其当变压器绕组匝间短路的匝数很少，故障回路电流虽然很大，可能造成严重过热，但能反映到外部的电流变化却很小的情况，瓦斯保护具有很高的灵敏度。

但瓦斯保护不能反映变压器油箱外的套管和引出线的短路故障，因此瓦斯保护不能作为变压器各种故障的唯一保护，还必须与其他保护装置配合使用。另外，瓦斯保护抵抗外界干扰的性能较差，例如剧烈的震动就容易误动作。

第三节　变压器的纵差动保护

纵差动保护是利用比较被保护元件各端电流的大小和相位的原理构成的。它在发电机、变压器、母线及大容量电动机上广泛应用。对短距离输电线路（一般不超过 5 ~ 7 km），当必须快速切除全线故障时，也可采用它作为线路的主保护。

一、输电线路纵差动保护

输电线路纵差动保护的原理接线如图 8-4 所示。在线路的始端和末端装设特性和变比完全相同的电流互感器，两侧电流互感器一次回路的正极性均置于靠近母线的一侧，二次回路的同极性端子相连接（标"·"号者为正极性），差动继电器则并联连接在电流互感器的二次端子上。

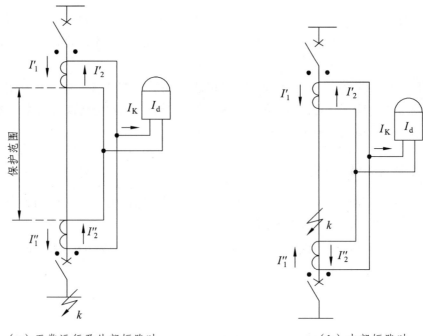

（a）正常运行及外部短路时　　　　　（b）内部短路时

图 8-4　输电线路纵差动保护的原理接线图

在线路两端，规定一次侧电流（$\dot{I}'_1$ 和 $\dot{I}''_1$）的正方向为从母线流向被保护的线路，那么在电流互感器采用上述连接方式以后，流入继电器的电流即为各互感器二次电流的总和，即

$$\dot{I}_K = \dot{I}'_2 + \dot{I}''_2 = \frac{1}{n}(\dot{I}'_1 + \dot{I}''_1)$$

式中　n——电流互感器的变比。

当正常运行及保护范围（指两侧电流互感器之间）外部故障时，实际上是同一个电流 $\dot{I}'_1$ 从线路的一端流入，又从另一端流出，如图 8-4（a）所示。如果不计电流互感器励磁电流的影响，则二次侧也流过相同的电流 $\dot{I}'_2$，此电流在辅助导线中形成环流，而流入继电器的电流 $\dot{I}_d = 0$，继电器不动作。

当保护范围内部故障（k 点）时，如图 8-4（b）所示，若为双侧电源供电，则两侧均有电流流向短路点，此时短路点的总电流为 $\dot{I}_k = \dot{I}'_1 + \dot{I}''_1$，因此流入继电器的电流为 $I_d = \frac{1}{n} I_k$，即等于短路点总电流归算到二次侧的数值。当 $I_k \geq I_d$ 时，继电器即动作于跳闸。由此可见，纵差动保护在保护范围内部故障时，反应于故障点的总电流而动作。

二、变压器纵差动保护

双绕组变压器纵差动保护的原理接线如图 8-5 所示。

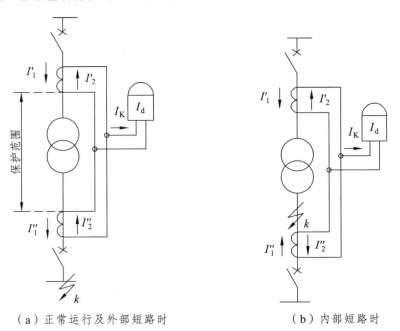

（a）正常运行及外部短路时　　　　（b）内部短路时

图 8-5　变压器纵差动保护的单相原理接线图

由于变压器高压侧和低压侧的额定电流不同，当变压器正常运行及外部故障时，两侧电流互感器的二次电流不相等，会造成继电器误动作。因此，为了保证纵差动保护的正确工作，就必须选择两侧电流互感器的变比能使正常运行及外部故障时，两侧电流互感器的二次电流相等。

$$I_2' = I_2'' \rightarrow \frac{I_1'}{n'} = \frac{I_1''}{n''} \rightarrow \frac{n''}{n'} = \frac{I_1''}{I_1'} = n_T$$

式中　n'——高压侧电流互感器的变比；

　　　n''——低压侧电流互感器的变比；

　　　n_T——变压器的变比。

由此可见，若两侧电流互感器变比的比值等于变压器的变比，当变压器正常运行及外部故障时，注入差动继电器的差动电流为零，纵差动保护不会动作；当变压器引出线、套管及内部发生短路故障时，差动电流不为零，如果差动电流大于整定的动作电流值，纵差动保护就会迅速动作。因此，变压器纵差动保护与前述的输电线路纵差动保护是不同的，区别在于输电线路纵差动保护可以直接比较两侧电流的幅值和相位，而变压器纵差动保护必须考虑变压器变比的影响。

三、Y/△接线的三相变压器纵差动保护

对于 Y/△接线的三相变压器，△侧出线电流为变压器绕组电流之差，从而造成变压器两侧电流的相位存在差异。由于变压器常常采用"Y，d11"接线方式，以"Y，d11"变压器为例，$\dot{I}_1''$比$\dot{I}_1'$超前30°，如图8-6所示。一次侧的电流互感器二次线圈采用△形接线，于是，$\dot{I}_2'$比$\dot{I}_1'$超前30°，从而$\dot{I}_2'$与$\dot{I}_1''$同相位；二次侧的电流互感器二次线圈采用两相星形接线（等效 Y 形接线），$\dot{I}_2''$与$\dot{I}_1''$同相。所以$\dot{I}_2'$与$\dot{I}_2''$就同相了。

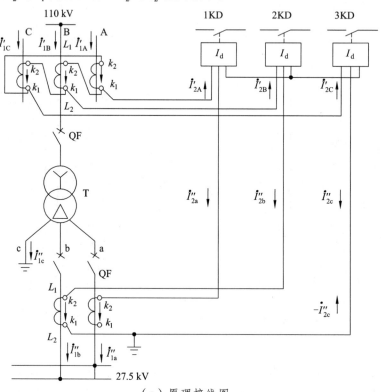

（a）原理接线图

注：该图为习惯画法，实际应用时将电流互感器装设在断路器与母线之间。

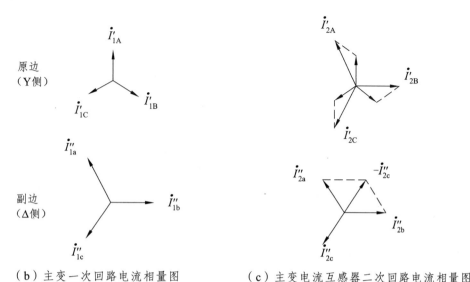

原边
（Y侧）

副边
（△侧）

（b）主变一次回路电流相量图　　　　（c）主变电流互感器二次回路电流相量图

图 8-6　"Y，d11"接线变压器纵差动保护原理图

但是，电流互感器二次线圈接成△形以后，流向差动继电器的电流 I_k 是电流互感器二次线圈电流的 $\sqrt{3}$ 倍。因此，必须将接成△形的电流互感器电流比增大为原来的 $\sqrt{3}$ 倍，以将其二次线圈的电流减小为原来的 $1/\sqrt{3}$ 倍，这样才能保证流向差动继电器的电流 I_2' 与 I_2'' 相等。

设变压器一次侧接成△形的电流互感器电流比为 n_1^{Δ}，变压器二次侧接成 Y 形的电流互感器电流比为 n_2^{Y}，要实现纵差动保护必须 $I_2' = I_2''$，即

$$\frac{I_1'}{n_1^{\Delta}} \cdot \sqrt{3} = \frac{I_1''}{n_2^{Y}}$$

则所用电流互感器的变比应满足：$\dfrac{n_2^{Y}}{n_1^{\Delta}} = \dfrac{I_1''}{\sqrt{3}I_1'} = \dfrac{n_T}{\sqrt{3}}$

四、变压器纵差动保护的特点

实际上，由于电流互感器的误差、变压器的接线方式及励磁涌流等因素的影响，变压器纵差动保护在正常运行及外部故障时流入差动继电器中的电流并不为零，而是有一定的电流流过，这个电流叫作不平衡电流。如果不采取措施克服其影响，将引起差动保护误动作。为了保证纵差动保护动作的选择性，其动作电流应按躲开外部短路时出现的最大不平衡电流来整定。不平衡电流越大，差动继电器的动作电流也越大，会降低内部短路时差动保护的灵敏度。因此，减小或消除不平衡电流及其对保护的影响，是变压器纵差动保护要解决的主要问题。现对其产生的原因及改善措施进行分析。

（一）因电流互感器计算变比与实际变比不同而产生的不平衡电流

电流互感器在制造上的标准化，使得实际变比与计算变比往往不相等，从而产生不平衡电流。对此采用 BCH 型差动继电器，通过调整差动继电器平衡线圈的匝数来补偿。而在微机保护中利用平衡系数进行自动调整。

（二）因两侧电流互感器型号和特性不同而产生的不平衡电流

由于励磁电流的存在，电流互感器的二次电流无法完全传变一次电流的相位和幅值，因此会产生幅值误差和相位误差。并且变压器两侧的电流互感器型号和磁化特性无法完全相同，都会造成较大的不平衡电流。最严重的状况是外部短路时，短路电流使一侧电流互感器饱和，而另一侧电流互感器不饱和。按 10%误差曲线选择的电流互感器，最大不平衡电流可达外部最大短路电流的 10%。因此应尽可能使用型号、性能完全相同的电流互感器，使得两侧电流互感器的磁化曲线相同，以减小不平衡电流。

（三）因变压器带负荷调节分接头而产生的不平衡电流

变压器带负荷调节分接头是电力系统中电压调整的一种方法，改变分接头就是改变变压器的变比。整定计算中，纵差保护只能按照某一变比整定，选择适当的平衡线圈减小或消除不平衡电流的影响。当纵差动保护投入运行后，在调压抽头改变时，一般不可能对纵差动保护的电流回路重新操作，因此又会出现新的不平衡电流。不平衡电流的大小与调压范围有关。保护装置采用提高动作电流值的方法以躲过不平衡电流的影响。

（四）因变压器励磁涌流而产生的不平衡电流

在空载投入变压器或外部故障切除后恢复供电等情况下，就可能产生很大的励磁电流，其数值可达额定电流的 6 ~ 8 倍，这种暂态过程中出现的变压器励磁电流称为励磁涌流。励磁涌流的存在，常常导致纵差动保护误动作。

根据实验结果及理论分析得知，励磁涌流具有以下特点：励磁涌流很大，其中含有大量的直流分量；励磁涌流中含有大量的高次谐波，其中以二次谐波为主；励磁涌流的波形有间断角。

根据上述励磁涌流的特点，变压器差保护常采用下述措施。

1. 采用带有速饱和变流器的差动继电器构成纵差动保护

在差动继电器之前接入速饱和变流器，当励磁涌流流入速饱和变流器时，其大量的直流分量使速饱和变流器迅速饱和，因而在其二次侧感应电势较小，不会使继电器动作。

2. 利用二次谐波制动的差动继电器构成纵差动保护

在变压器内部故障或外部故障的短路电流中，二次谐波分量所占比例较小。而当空载投入变压器而产生励磁涌流时，变压器上只有电源侧有电流，可利用其中二次谐波形成制动电压，构成二次谐波制动的纵差动保护，使之有效地躲过励磁涌流的影响。

3. 采用鉴别波形间断角的差动继电器构成纵差动保护

以上措施中，传统的模拟式纵差动保护广泛采用的是速饱和变流器的差动继电器，随着微机式纵差动保护的大量应用，差动继电器可以采用更丰富的手段来鉴别励磁涌流。

五、变压器纵差动保护的动作特性

变压器纵差动保护一般由差动速断保护和比率差动保护两个元件组成。

（一）差动速断保护

当变压器内部发生严重故障时，不再进行制动条件的判别，而是直接发出作用于保护出口的跳闸脉冲，快速地跳开变压器两侧断路器。

在差动电流速断保护投入的前提下，只要 U、V、W 三相中有一相差动电流大于差动电流速断保护的动作电流值，差动保护就输出动作信号，并将变压器两侧的断路器跳闸。

（二）比率差动保护

由前面不平衡电流的讨论可知，电流互感器传变产生的不平衡电流与变压器的穿越电流有关。外部故障时，变压器的穿越电流很大，不平衡电流也就很大。如果按照躲过最大外部故障时的不平衡电流来整定动作电流，将会使纵差动保护的灵敏度降低。为此采用比率差动保护原理，即引入一个能够反映变压器穿越电流大小的制动电流，动作电流的大小可以根据制动电流的大小自动调整，其中比率是指差动电流与制动电流之比。这样既能保证在变压器外部故障时纵差动保护动作的可靠性，又能保证在内部故障时动作的灵敏性。

制动电流一般定义为：$I_{ZD} = \dfrac{1}{2}\left|\dot{I}_2' + \dot{I}_2''\right|$

三段式比率差动保护的动作特性由三个区域组成：差动速断动作区、比率差动动作区和制动区，如图 8-7 所示。在差动动作区，其动作判断依据可表示为

$$I_{CD} \geqslant I_{DZ} \qquad\qquad\qquad I_{ZD} \leqslant I_1$$

$$I_{CD} - K_1(I_{ZD} - I_1) \geqslant I_{DZ} \qquad\qquad I_1 \leqslant I_{ZD} \leqslant I_2$$

$$I_{CD} - K_1(I_2 - I_1) + K_2(I_2 - I_{ZD}) \geqslant I_{DZ} \qquad\qquad I_{ZD} > I_2$$

式中　I_{ZD}——纵差动保护的制动电流；

I_{DZ}——纵差动保护的动作整定电流；

I_1、I_2——纵差动保护的制动电流Ⅰ段、Ⅱ段整定值；

K_1、K_2——纵差动保护的Ⅰ段、Ⅱ段整定系数。

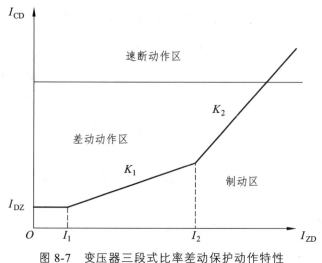

图 8-7　变压器三段式比率差动保护动作特性

在制动区内，变压器空载投入或外部故障切除后电压恢复时，会产生励磁涌流。为避免差动保护误动作，增加二次谐波闭锁功能，当差动电流中的二次谐波电流大于一定值时，将保护可靠闭锁。其制动条件为

$$I_{CD2} \geqslant K_{YL}I_{CD}$$

式中　I_{CD2}——差动电流中的二次谐波电流；

　　　I_{CD}——差动电流中的基波电流；

　　　K_{YL}——二次谐波制动系数。

在比率差动保护投入的前提下，只要 U、V、W 三相中有一相差动电流在动作区，且二次谐波制动信号无输出的情况下，差动保护就输出动作信号，并将变压器两侧的断路器跳闸。

六、变压器纵差动保护的整定计算

（一）动作电流的整定

1. 躲过电流互感器二次回路断线时引起的差动电流

变压器某侧电流互感器二次回路断线时，另一侧电流互感器的二次电流全部流入差动继电器中，此时引起保护误动作。有的纵差动保护采用断线识别的辅助措施，在互感器二次回路断线时将纵差动保护闭锁。若没有断线识别措施，则纵差动保护的动作电流必须大于正常运行情况下变压器的最大负荷电流。即

$$I_{op} = \frac{K_{rel}}{K_{re}}I_{L.max}$$

式中　K_{rel}——可靠系数，取 1.3；

　　　K_{re}——返回系数，取 0.85；

　　　$I_{L.max}$——变压器最大负荷电流。

2. 躲过保护范围外部短路时的最大不平衡电流

变压器差动保护的最大不平衡电流为

$$I_{unbmax} = (K_{st} \cdot 10\% + \Delta U + \Delta f_{er})I_{kmax}/k_i$$

式中　　10%——电流互感器的允许最大误差；

K_{st}——电流互感器同型系数，若同型取 0.5，若不同型取 1；

ΔU——变压器分接头改变引起的相对误差，取调压范围的一半；

Δf_{er}——平衡线圈整定匝数与计算匝数不等产生的相对误差，取 0.05；

I_{kmax}/k_i——为保护范围外部最大短路电流归算到二次侧的值。

3. 躲过变压器的最大励磁涌流

在空载投入变压器或外部故障切除后恢复供电等情况下，励磁涌流的存在常常导致纵差动保护误动作，有的纵差动保护通过鉴别励磁涌流将纵差动保护闭锁。若没有励磁涌流识别措施，纵差动保护的动作电流必须大于变压器的最大励磁涌流。

$$I_{op} = K_{rel}K_N I_N$$

式中　　K_{rel}——可靠系数，取 1.3；

K_N——励磁涌流的最大倍数，一般取 4~8 倍；

I_N——变压器的额定电流。

按上面 3 个条件计算纵差动保护的动作电流，选取最大值作为保护的整定值。所有电流都要折算为电流互感器的二次侧值。

（二）动作时间的整定

采用瞬动方式，保护动作不延时。

（三）灵敏系数的校验

$$K_s = \frac{I_{k.min}}{I_{op}} \geqslant 2$$

式中，$I_{k.min}$ 为各种运行方式下变压器内部故障时，流经差动继电器的最小差动电流，即在采用单侧电源供电时，系统在最小运行方式下，变压器发生短路时的最小短路电流。

当灵敏系数不能满足要求时，需采用具有制动特性的差动继电器。必须指出，即使灵敏系数校验能满足要求，但对变压器内部的匝间短路、轻微故障等，纵差动保护往往不能迅速灵敏地动作。

运行经验表明：在此情况下，常常是瓦斯保护先动作，然后待故障进一步发展，纵差动保护才动作。显然，纵差动保护的整定值越大，对变压器内部故障的反应能力越低。

第四节　变压器的电流保护

为反应变压器外部故障而引起的变压器绕组过电流，以及在变压器内部故障时，作为纵差动保护和瓦斯保护的后备，变压器应装设过电流保护。根据变压器容量和系统短路电流水平的不同，实现保护的方式有：过电流保护、低电压启动的过电流保护、复合电压启动的过电流保护以及负序过电流保护等。

一、变压器的过电流保护

变压器的过电流保护的单相原理接线如图 8-8 所示，其工作原理与定时限过电流保护相同。保护动作后，应跳开变压器两侧的断路器。

（一）过电流保护的动作电流

保护装置的启动电流应按照躲开变压器可能出现的最大负荷电流 $I_{\text{L.max}}$ 来整定。具体应考虑：

1. 并列运行的变压器

对并列运行的变压器，应考虑突然切除一台时所出现的过负荷，当各台变压器容量相同时，可按下式计算：

$$I_{\text{L.max}} = \frac{n}{n-1} I_{\text{Te}}$$

式中　　n——并列运行变压器的最少台数；

I_{Te}——每台变压器的额定线电流。

此时保护装置的启动电流应整定为

$$I_{\text{act}} = \frac{K_{\text{k}}}{K_{\text{h}}} I_{\text{L.max}}$$

式中　　K_{k}——可靠系数；

K_{h}——返回系数（返回电流与启动电流的比值）。

2. 降压变压器

对降压变压器，应考虑低压侧负荷电动机自启动时的最大电流，启动电流应整定为

$$I_{\text{act}} = \frac{K_{\text{k}} K_{\text{Zq}}}{K_{\text{h}}} I_{\text{Te}}$$

式中　　K_{Zq}——电动机自启动系数。

（二）过电流保护的动作时限

过电流保护的动作时限特性应按阶梯形原则确定。

（三）过电流保护的灵敏系数

过电流保护的灵敏系数计算公式为

$$K_{sen} = \frac{I_{k.min}^{(2)}}{I_{act}}$$

作为主保护时，K_{sen} 用变压器负荷侧母线最小两相短路电流校验，应不小于 1.5；作为后备保护时，K_{sen} 用保护区末端最小两相短路电流校验，应不小于 1.25。

按以上条件选择的启动电流，其值一般较大，往往不能满足作为相邻元件后备保护的要求。为此还需要采取其他保护来提高灵敏性。

二、低电压启动的过电流保护

在低电压启动的过电流保护装置中，只有当电流元件和电压元件同时动作后，才能启动时间继电器，经过预定的延时后，才能作用于断路器跳闸。

（一）电流元件整定值

低电压元件的作用是保证在一台变压器突然切除或电动机自启动时不动作，因而电流元件的整定值就可以不再考虑可能出现的最大负荷电流，而是按大于变压器的额定电流整定，即

$$I_{act} = \frac{K_k}{K_h} I_{Te}$$

（二）电压元件整定值

低电压元件的启动值应小于在正常运行情况下母线上可能出现的最低工作电压，同时外部故障切除后，电动机自启动的过程中，它必须返回。根据运行经验，电压元件的整定值通常为

$$U_{act} = 0.7 U_{Te}$$

（三）灵敏系数

对低电压元件灵敏系数的校验，应为

$$K_{sen} = \frac{U_k}{U_{k.max}}$$

式中　$U_{k.max}$——在最大运行方式下，相邻元件末端三相金属性短路时，保护安装处的最大线电压。

如果低电压元件只接于某一侧的电压互感器上，则当另一侧故障时，往往不能满足上述灵敏系数的要求。此时应考虑采用两套低电压元件分别接在变压器两侧的电压互感器上，其触点采用并联的连接方式。

当电压互感器回路发生断线时，低电压继电器会误动作。因此，在低电压保护中一般应装设电压回路断线的信号装置，以便及时发出信号，由运行人员加以处理。

三、过负荷保护

变压器的过负荷保护反映变压器对称过负荷引起的过电流。

1. 原理接线图

变压器过负荷保护装置原理接线图如图 8-8 所示。

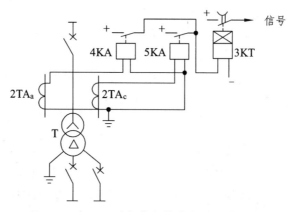

图 8-8　变压器过负荷保护装置原理接线图

正常时，变压器不过负荷，电流小于整定值，过负荷保护不动作。当变压器过负荷电流达到整定值时，电流继电器动作，启动时间继电器，经过一定的延时，其延时闭合的常开触点闭合，给出信号，引起值班人员注意。这时应检查过负荷的原因、记录过负荷电流的数值和持续时间的长短，并监视发展情况，随后向电调询问供电臂的牵引列车对数、重量和车次，并做好记录。

过负荷电流三相对称时，过负荷保护装置只采用一个电磁继电器接于一相电流上，过负荷保护的安装侧应根据保护能反映变压器各侧绕组可能过负荷的情况来选择。对于双绕组升压变压器，过负荷保护应装于发电机电压侧；对于双绕组降压变压器，过负荷保护应该装于高压侧。对于三相绕组变压器，要分情况来讨论。对于牵引变电所的主变压器，由于各相牵引负荷不相等，所以过负荷保护应装设在重负荷相上。因此要根据具体工程情况考虑。

2. 动作电流 I_{ACT} 和动作延时 t

动作电流和动作延时应按变压器的过负荷能力整定。

（1）对于一般电力变压器，有

$$I_{ACT} = \frac{K_{REL}I_N}{K_R} \quad (A)$$

式中　I_N——变压器一次侧额定电流（A）；

　　　K_{REL}——可靠系数，取 1.05；

　　　K_R——返回系数，取 0.85。

过负荷保护的动作延时一般取 9 s。

（2）对于牵引变压器，有

$$I_{ACT} = K_{OL}I_N$$

式中，K_{OL} 为牵引变压器过负荷系数。

由于牵引负荷的特点，过负荷电流持续时间很短，通常为 0.5～2 min，所以，如果采用普通变压器作为牵引变压器，K_{OL} 一般可取 1.3～1.5，动作延时 t 取 9 s。

四、接地保护

电力系统中，接地短路故障是最常见的故障。中性点直接接地系统的变压器一般要求装设接地保护，作为变压器主保护和相邻元件接地保护的后备保护。

1. 原理图

变压器接地保护原理图如图 8-9 所示。

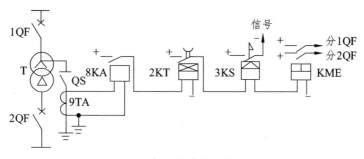

图 8-9　变压器接地保护原理

牵引变电所一次侧具有接地中性点的主变压器的接地保护采用零序电流保护，其零序电流继电器线圈一般是由接在变压器中性点接地线的电流互感器二次侧供电。

正常情况下，变压器中性点接地线的电流等于零，或小于零序电流保护的整定值，零序电流保护不动作。

当变压器中性点接地线的电流达到零序电流保护的整定值时，零序电流继电器动作，启动时间继电器，经过整定的动作时限后，时间继电器的延时常开触点闭合，一方面给出动作信号，另一方面使变压器两侧的断路器跳闸。

2. 作　用

（1）用来保护被保护变压器具有接地中性点侧的线圈及其引出线的接地短路。

（2）作为外部（相应的母线和线路）接地短路的后备保护。

对于牵引变电所的主变压器来说，由于已经装设了瓦斯、差动等快速动作的保护，当变压器线圈及其引出线发生接地短路时已能保证快速切除，所以接地保护主要是用来保护外部接地短路引起的变压器过电流的。因此，从动作时间上应与母线和线路保护相配合。

3. 整定计算

牵引变电所主变压器接地保护的动作电流 I_{ACT} 是根据以下经验公式确定的：

$$I_{ACT} = \frac{K_{REL}I_N}{K_r} \cdot 70\% \quad （A）$$

式中　K_{REL}——可靠系数，取 1.2；

　　　K_r——电流继电器的返回系数，取 0.85；

　　　I_N——变压器具有接地中性点侧的额定电流（A）。

思考与练习

一、填空题

1. 变压器瓦斯保护的作用是反应变压器_____的各种短路故障及_____。

2. 变压器轻瓦斯保护动作于_____，重瓦斯保护动作于_____。

3. 变压器过电流保护的作用是反应外部_____引起的过电流，并作为内部_____的后备保护。

4. 在变压器内部故障时，由于短路电流中_____的作用，将使采用差动继电器的差动保护_____动作。

5. 对于变压器纵差动保护，在_____和_____时，流入差动继电器的电流为_____。

6. 变压器油箱内的保护中的主保护一般为_____，变压器油箱外的主保护一般为_____或_____。

二、判断题

1. 瓦斯保护能单独作为变压器的主保护。　　　　　　　　　　　　（　　）

2. 变压器纵差动保护，是油箱内、外部故障的一种有效保护方式。　（　　）

3. 变压器的纵差动保护是变压器的主保护。　　　　　　　　　　　（　　）

4. 变压器的重瓦斯保护的出口方式是不能改变的。　　　　　　　　（　　）

5. 为了在正常运行和外部短路时流入变压器纵差保护的电流为零，该保护两侧应选用相同变比的电流互感器。　　　　　　　　　　　　　　　　　　（　　）

6. 变压器的故障可分为内部故障（变压器油箱里面发生的各种故障）和外部故障（油箱外部绝缘套管及其引出线上发生的各类故障）。　　　　　　　　　　（　　）

7. 变压器的故障可分为内部故障（变压器油箱里面发生的各种故障）和外部故障（油箱外部绝缘套管及其引出线上发生的各类故障）。　　　　　　　　　　（　　）

8. 当变压器发生少数绕组匝间短路时，匝间短路电流很大，因而变压器瓦斯保护和各种类型的变压器差动保护均动作跳闸。　　　　　　　　　　　　　　　（　　）

9. 因为差动保护和瓦斯保护的动作原理不同，差动保护不能代替瓦斯保护。　（　　）

10. 变压器的瓦斯与纵差保护范围相同，二者互为备用。　　　　　　　（　　）

三、选择题

1. 变压器的电流速断保护与（　　　）保护配合，以反应变压器绕组及变压器电源侧的引出线套管上的各种故障。
　　A. 过电流　　　　　　　　B. 过负荷　　　　　　　　C. 瓦斯

2. 变压器的励磁涌流中，含有大量的直流分量及高次谐波分量，其中以（　　　）次谐波所占的比例最大。
　　A. 二　　　　　　　　　　B. 三　　　　　　　　　　C. 四

3. 变压器采用负荷电压起动的过电流保护，是为了提高（　　　）短路的灵敏性。
　　A. 三相　　　　　　　　　B. 两相　　　　　　　　　C. 单相接地

4. 对于中性点可能接地或不接地的变压器，应装设（　　　）接地保护。
　　A. 零序电流　　　　　　　B. 零序电压　　　　　　　C. 零序电流和零序电压

5. 在变压器纵差动保护中，由于电流互感器的实际变比与计算变比不等产生的不平衡电流，可用差动继电器的（　　　）线圈来消除。
　　A. 差动　　　　　　　　　B. 平衡　　　　　　　　　C. 短路

6. 下列不属于变压器的油箱内故障的有（　　　）。
　　A. 内部绕组相间短路　　　　　　B. 直接接地系统侧绕组的接地短路
　　C. 内部绕组匝间短路　　　　　　D. 油箱漏油造成油面降低

7. 变压器过电流保护的动作电流按照避开被保护设备的（　　　）来整定。
　　A. 最大短路电流　　　　　　　　B. 最大工作电流
　　C. 最小短路电流　　　　　　　　D. 最小工作电流

8. 变压器定时限过电流保护的动作电流按躲过变压器（　　　）电流来整定。动作时间按（　　　）来整定。
　　A. 正常负荷　　　　　　　　　　B. 最大负荷
　　C. 最大故障　　　　　　　　　　D. 阶梯型时限

9. （　　　）是指当主保护拒动时，由本电力设备或线路的另一套保护来实现。
　　A. 主保护　　　　　　　　　　　B. 远后备保护
　　C. 辅助保护　　　　　　　　　　D. 近后备保护

10. 重瓦斯动作后，跳开变压器（　　　）断路器。
    A. 高压侧　　　　　　　　　　B. 各侧
    C. 低压侧　　　　　　　　　　D. 主电源侧

11. 纵联差动保护归根到底是一种（　　　）保护。
    A. 电压　　　　　　　　　　　B. 阻抗
    C. 电流　　　　　　　　　　　D. 相角

12. 瓦斯保护是变压器的（　　　）。
    A. 主后备保护　　　　　　　　B. 内部故障的主保护
    C. 外部故障的主保护　　　　　D. 外部故障的后备保护

13. 变压器瓦斯保护的瓦斯继电器安装在（　　　）。
    A. 油箱和油枕之间的连接导管上　　　B. 变压器保护屏上　　　C. 油箱内部

四、简答题

1. 什么是瓦斯保护？有何作用？

2. 请写出纵联差动保护的工作原理。

3. 电力变压器的不正常工作状态和可能发生的故障有哪些？一般应装设哪些保护？

4. 试述变压器瓦斯保护的基本工作原理。为什么差动保护不能完全代替瓦斯保护？

5. 变压器差动保护不平衡电流是怎样产生的？如何解决？

第九章　牵引供电系统保护

【学习目标】

（1）掌握交流牵引网的供电方式。
（2）掌握交流牵引负荷特点及对继电保护的要求。
（3）掌握利用牵引负荷特点构成的保护及应用。
（4）了解故障测距的作用及类型。
（5）掌握 AT 供电系统牵引网故障测区原理。

第一节　牵引供电系统

一、牵引供电系统概述

我国铁路电气化事业起始于 1956 年。1961 年 8 月，宝成铁路（宝鸡—成都）宝鸡至凤州段电气化通车；1975 年 6 月，宝成铁路全线电气化通车，成为我国第一条电气化铁路。宝成铁路电气化后，该铁路的运能、运量大幅度增长，推动了我国铁路电气化事业的发展。目前，电气化铁路已经占据了我国铁路发展的绝对主导地位。我国的电气化铁路正逐步向高速铁路发展，以 2007 年动车组的运行为标志，我国的电气化铁路将迈入世界先进行列。

自 1961 年 8 月 15 日，第一条电气化铁路——宝成铁路建成通车，到 1980 年底，我国共建成电气化铁路 1 679.6 km，平均每年修建电气化铁路还不到 100 km。十一届三中全会确定了以经济建设为中心的基本路线，随着我国改革开放的不断推进，我国的电气化铁路建设有了较快的发展，在"六五""七五"期间共修建电气化铁路 5 294.63 km，平均每年修建超过 500 km。

截至 2017 年底，我国电气化铁路里程达 8.7 万公里，电气化率达 68.2%，高速铁路总里程已达 2.5 万公里，高铁已经成为中国一张亮丽的名片。

牵引供电是指拖动车辆运输所需电能的供电方式。牵引供电系统是指铁路从地方引入 220（110）kV 电源，通过牵引变电所降压到 27.5 kV 送至电力机车的整个供电系统。

我们主要研究的内容是电气化铁道牵引供电系统，这里简称牵引供电系统。

二、牵引供电优缺点

（一）电气化铁路运输电力牵引的优越性主要体现在以下几个方面

（1）电力牵引可节约能源，综合利用能源。

（2）电力牵引可提高列车的牵引力，提高列车的运行速度。

（3）电力牵引制动功率大，运行时安全性高。

（4）电气化铁路运输的成本费用低。

（5）电力牵引易于实现自动化，利用采用先进科学技术，利于改善劳动条件，利于环境保护。

（二）电气化铁路运输电力牵引的缺点主要体现在以下几个方面

（1）基本建设投资较大。

（2）对电力系统存在某些不利因素。

因为牵引供电用电是单相负荷，会在电力系统中产生较大的负序电流和负序电压，而且电力机车的功率因数较低、高次谐波含量较大等，都会给电力系统造成不良影响。

（3）对铁路沿线附近的通信线路造成一定的电磁干扰。

（4）接触网需要停电检修，要求在列车运行图中留有一定的天窗时间，在此时间内列车要停止运行。

电力牵引采用的电流、电压制式根据各国的国情不同，主要有以下几种形式。

三、牵引供电方式

（一）直接供电方式（TR）

直接供电方式较为简单，是将牵引变电所输出的电能直接供给电力机车的一种供电方式，主要设备有牵引变压器、断路器、隔离开关、所用变、电压互感器、电流互感器、母线、接地系统、交流盘、直流盘、硅整流盘、控制盘、保护盘等。

直供方式的优点：结构简单、投资少。

直供方式的缺点：由于牵引供电系统为单相负荷，该供电方式的牵引回流为钢轨，是不平衡的供电方式，对通信线路产生感应影响大；回路电阻大，供电距离短（十几千米）。

（二）BT（吸流变压器）供电方式

BT供电方式是在接触网上每隔一段距离装一台吸流变压器（变比为1∶1），其原边串入接触网，次边串入回流线（简称NF线，架在接触网支柱田野侧，与接触悬挂等高），每两台吸流变压器之间有一根吸上线，将回流线与钢轨连接，其作用是将钢轨中的回流"吸上"去，经回流线返回牵引变电所，起到防干扰效果。

由于大地回流及所谓的"半段效应"，BT供电方式的防护效果并不理想，加之"吸—回"装置造成接触网结构复杂，机车受流条件恶化，近年来已很少采用。

（三）AT（自耦变压器）供电方式

采用AT供电方式时，牵引变电所主变输出电压为55 kV，经AT（自耦变压器，变比2：1）向接触网供电，一端接接触网，另一端接正馈线（简称AF线，亦架在田野侧，与接触悬挂等高），其中点抽头则与钢轨相连。AF线的作用同BT供电方式中的NF线一样，起到防干扰功能，但效果较前者好。此外，在AF线下方还架有一条保护（PW）线，当接触网绝缘破坏时起到保护跳闸作用，同时亦兼有防干扰及防雷效果。

显然，AT供电方式接触网结构也比较复杂，田野侧挂有两组附加导线，AF线电压与接触网电压相等，PW线也有一定电位（约几百伏），增加了故障概率。当接触网发生故障，尤其是断杆事故时，抢修恢复困难，对运输干扰极大。但由于牵引变电所馈出电压高，所间距可增加一倍，并可适当提高末端网压，在电力系统网络比较薄弱的地区有其优越性。

（四）直供+回流（DN）供电方式（TRNF）

带回流线的直接供电方式取消了BT供电方式中的吸流变压器，保留了回流线，利用接触网与回流线之间的互感作用，使钢轨中的回流尽可能地由回流线流回牵引变电所，因而部分抵消接触网对临近通信线路的干扰，其防干扰效果不如BT供电方式，通常在对通信线防干扰要求不高的区段采用。这种供电方式设备简单，供电设备的可靠性因此得到了提高；由于取消了吸流变压器，只保留了回流线，牵引网阻抗比直供方式低一些，供电性能好一些，造价也不太高。所以，这种供电方式在我国电气化铁路上得到了广泛应用。

这种供电方式实际上就是带回流线的直接供电方式，NF线每隔一定距离与钢轨相连，既起到防干扰作用，又兼有PW线特性。由于没有吸流变压器，改善了网压，接触网结构简单可靠。

（五）同轴电力电缆供电方式

同轴电力电缆供电方式是在牵引网中沿铁路埋设同轴电力电缆，其内部导体作为馈电线与接触网并联，外部导体作为回流线与钢轨并联的供电方式。

这种供电方式由于投资大，一般不采用。

三、牵引供电电流制

（一）直流制

直流制是世界上最早采用的电流制。截至目前，它在世界范围内仍占43%左右的比重。这种电气化铁路采用600 V、1 500 V、3 000 V或6 000 V的直流电，向直流电力机车供电。

其主要优点：可以简化机车设备。

其主要缺点：① 供电电压低（通常只有 1 500 V）；② 线路损耗大，供电距离短（≤20 km）。

主要运用：矿山（1 500 V）；城市电车 650~800 V；地铁 600~1 500 V。

（二）低频单相交流制

20 世纪初，低频单相交流制被西欧一些国家采用。这种电气化铁路采用 11 kV、25 Hz；15 kV、50/3 Hz 的单相交流电向电力机车供电。

低频单相交流制频率：$16\frac{2}{3}$，电压 11~15 kV。

低频单相交流制优点：

（1）有低频的工业电力。

（2）整流简单；电抗较小。

（3）和直流制相比，导线截面小，送电距离长（50~70 km）。

低频单相交流制缺点：供电频率与工业供电频率不同，故须有变频装置或由铁路专用的低频发电厂供电。

（三）三相交流制

个别国家，如瑞士、法国等采用 3.6 kV 的三相交流制，电力机车采用三相交流异步电动机，部分胶轮轨道交通系统也使用三相交流供电。

其主要优点：

（1）三相对称，不影响电力系统稳定性。

（2）牵引变电所和电力机车结构相对简化。

（3）三相异步电动机运行可靠、维护方便。

（4）机车功率大、速度高、功率因数高（接近于 1）。

（5）能将无功功率、通信干扰减到最小。

其主要缺点：机车供电线路复杂，异步电动机调速比较困难。

（四）工频单相交流制

工频单相交流制是电气化铁道发展中的一项先进供电制，最早出现在匈牙利，电压 16 kV。1950 年，法国试建了一条 25 kV 的单相工频交流电气化铁道，随后日本、苏联等相继采用（20 kV），目前该种电流制已占到 40% 以上。这种电气化铁路采用 25 kV 工频单相交流电向电力机车供电，是一种比较先进的电流、电压制，引起了世界各国的重视。我国的电气化铁路从一开始就采用了这种工频单相交流牵引制，为我国电气化铁路的发展奠定了良好的基础。

其主要优点：

（1）供电系统结构简单。牵引变电所从电力系统获得电能，经过电压变换后直接供给牵引网。

（2）供电电压增高，既可保证大功率机车的供电，提高机车牵引定数和运行速度，又可使变电所之间的距离延长，导线面积减小，建设投资和运营费用显著降低。

（3）交流电力机车的黏着性和牵引性能良好，牵引电动机可在全并联状态下运行，防止轮对空转的恶性发展。从而提高了运用黏着系数。

（4）和直流制比，减小了地中电流对地下金属的腐蚀作用，一般可不设专门的防护装置。

第二节　牵引供电系统保护特点

一、牵引供电的特点及设计原则

牵引供电系统的供电对象主要是电力机车。而电力机车是移动的、大功率的单相负荷，有别于电力系统的位置固定三相基本对称的负载。

为了适应电力机车沿线路移动，牵引网的结构比电力系统馈电线路要复杂得多。同时，其工作条件也较恶劣，因为电力机车的受电弓与接触线一直处于快速滑动接触状态。机车通过其接触点取流。接触不良时会产生火花或电弧，使接触线过热，以致烧伤。另外，由于受电弓对接触线有迅速移动的向上压力，使接触线经常处于振动状态，因此引起接触网机械故障的概率增大。上述损伤及故障都可能导致牵引网短路。

牵引负荷不仅是移动的，而且其大小随时都在变化，某一电流值的持续时间往往可以秒来计算。馈线电流值的变化范围极宽，一般在零和最大负荷电流值之间变动。牵引负荷的大小主要与线路上的列车数量、机车功率、牵引重量、运行速度以及线路情况等有关。

根据以上特点，设计牵引网保护时应考虑以下具体问题。

（1）牵引网保护无论在正常或强制供电状态时，均能保证足够的灵敏度和有选择的切除故障。

（2）牵引网远点短路时短路电流较小，但近点短路时短路电流又相当大，为了减小危害，仍要求牵引馈线保护速动。

（3）牵引馈线为长距离、重负荷线路，以距离保护作为主保护。

（4）由于牵引供电系统出现励磁涌流的机会较多，为了避免其对保护的影响，一般对电流保护和距离保护均应采用二次谐波闭锁的方法。

（5）牵引网的负荷阻抗角大，可以是 $30° \sim 40°$，电力系统的负荷阻抗角通常为 $25°$，应采用偏移平行四边形特性的阻抗保护。

二、利用牵引负荷特点构成的保护

（一）谐波电流的利用

整流式电力机车负荷电流中含有大量的高次谐波，其中以三次谐波为最多，而牵引网短路电流接近于正弦波，因此，可利用三次谐波的含量区分正常工作与故障状态。另外，机车的励磁涌流从数值上虽然大大超过正常负荷电流，甚至接近故障电流，但它却含有大量二次谐波。因此可利用二次谐波含量区分励磁涌流和故障电流。

根据以上特点，电流（或距离）保护加上三次谐波制动以后，可以相应地降低启动电流的数值（或提高阻抗继电器的整定值），使保护的灵敏系数提高。加上二次谐波制动以后，就可以不考虑变压器励磁涌流对保护装置的影响。否则要在整定值（动作电流或时限）上躲过涌流，这是很不理想的，它将使保护的灵敏系数大大降低或延时过长。

（二）按电流增量构成的保护

在正常负荷与故障状态下，短时间内电流的增量是不同的，利用这个差异可以构成馈线保护。正常情况下，由于电力机车电路中大电感的作用，机车电流在短时间内的增量不会很大，尤其是在机车启动时。当牵引网或机车发生短路时，馈线的短路电流将急速增加，其速度将比正常情况高数倍或数十倍。根据这个特点构成的保护称为ΔI型保护（或称电流增量保护）。

ΔI型保护的主要优点是选择能力比普通电流保护强。因为一般电流保护是根据最大负荷电流整定的，一个供电分区的最大负荷电流一般能达到一列车最大电流的 2 倍左右。而ΔI型保护除了反应稳态最大负荷以外，还同时反应短时间内电流的增量，因此，其电流整定值可适当减至一列车的最大电流。

例如，日本东海道新干线上一般过电流保护的整定值为 2 000 A 左右，而ΔI型保护为 1 000 A，故其保护范围将大大延长。不仅如此，ΔI型保护还可以在发生高阻接地故障、异相短路故障时可靠动作。

ΔI型保护的主要缺点是动作时间较长。因为机车变压器或线路上的自耦变压器空载投入时，励磁涌流短时间的增量也是很大的，可能造成ΔI型保护误动作，为此，必须增加保护的延时达 300 ms 以上，所以该型保护的动作时间较长。

（三）按电流持续时间构成的保护

机车在线路上行驶时，其负荷电流是经常变化的，即在任一电流值下运行的时间都很短。而故障电流只要一产生，就一直持续到故障切除后才完结。因此可以根据电流持续时间的不同鉴别故障。

如图 9-1 所示的电流时间曲线表示不同牵引负荷电流持续时间，图中的折线为反时限电流保护的三段阶梯特性，可以看出，负荷越重，持续时间越短。例如，50 A 电流持续时间为 130 s，1 000 A 电流持续时间为 80 s。

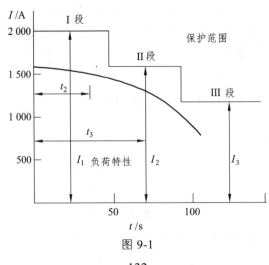

图 9-1

该型保护应由反时限过电流继电器构成，但也可用几个定时限过电流继电器组合而成，如日本采用的是三个定时限电流继电器组合成三段反时限电流保护，如图9-2所示。

根据实际的负荷电流时间曲线对保护进行整定。如第Ⅰ段的电流整定值为最大负荷电流加上一定的余量。所以在正常负荷情况下不会误动作，只有在近点短路情况下才能启动，故其动作延时可取得最小。第Ⅱ段的整定值为I_2，其动作延时应大于负荷电流I_2的持续时间t_2，其他值以此类推。很明显，这种保护的延时虽然长，但却能可靠地检出故障，一般只能作为牵引馈线的后备保护。

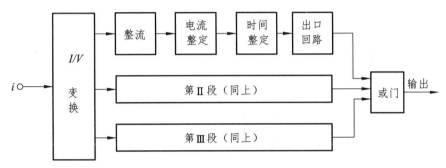

图 9-2　按电流持续时间原理构成的三段反时限电流保护原理框图

第三节　牵引供电系统保护

一、主变压器保护

（一）根据电力设计规程的规定，牵引变压器应设置如下保护

1. 主要保护

主要保护由瓦斯保护和差动保护构成，瓦斯保护用于反映变压器油箱内部的短路故障，差动保护既能反映变压器油箱内的短路故障，也能反应油箱外引出线、套管上发生的短路故障。主保护跳闸一般启动主变备投。

主变压器重瓦斯保护动作使断路器跳闸后，一般不能将变压器投入运行，只有确认是瓦斯保护误动或经过高压试验、变压器油化验均无异常后方可进行空载试投，空载试投成功后可以正式投入运行。在主变压器投入运行前，要查明保护跳闸原因，并将故障部位处理好。

一般情况下，下列故障可能引起变压器重瓦斯保护动作。

（1）变压器内部线圈发生匝间或层间严重短路。

（2）变压器油面下降太快。

（3）变压器新装或大修加油后，大量气体排出使重瓦斯动作。

（4）重瓦斯动作流速整定值小，在外部短路电流冲击下引起油流涌动，使重瓦斯动作。

（5）保护装置二次回路故障引起重瓦斯误动作。

（6）气温骤降变压器油凝固，气温回升时引起重瓦斯动作。

主变压器差动保护动作使断路器跳闸后，不能将变压器投入运行，应对保护范围内的一次设备进行巡视检查，检查有无放电痕迹、瓷瓶爆炸、变压器或电流互感器喷油、油色、油位有无异常，设备有无异味、设备附近有无异物等现象。检查电流互感器二次回路各接线端子有无松动，烧伤现象。微机保护的差动保护动作应校核计算主变一、二次侧的电流。对涉及的高压设备进行必要的高压试验。对变压器油和油气进行化验和色谱分析。查明跳闸原因并将故障部位处理好方可空载试投。

一般情况下，下列故障可能引起变压器差动保护动作。

（1）差动保护范围内的高压设备发生故障。

（2）变压器内部线圈发生匝间或层间短路。

（3）变压器引线相间短路。

（4）保护装置二次回路故障引起的差动保护误动作。

（5）高、低压侧电流互感器极性接错。

（6）高、低压侧电流互感器二次接线开路或端子接触不良。

（7）微机保护的差动保护平衡系数错误。

2. 后备保护

后备保护包括低压闭锁的高压三相过流保护，低压闭锁的低压二相过流保护，主变过热保护，过负荷保护，失压保护。

一般情况下，下列故障可能引起变压器低压闭锁过流保护动作。

（1）母线短路故障。

（2）变压器内部故障时，主保护（差动、重瓦斯）拒动。

（3）接触网线路故障，馈线保护拒动。

（4）保护装置二次回路故障引起保护误动。

（二）变压器保护整定

（1）轻瓦斯保护是按气体容积进行整定。整定范围一般为 $250 \sim 300$ cm^3，通常整定在 250 cm^3。

（2）重瓦斯是按油气流速进行整定。整定范围为 $0.6\% \sim 1.5\%$，通常整定在 1 m/s 左右。

（3）微机保护差动保护整定。差动动作电流按躲过最大负荷电流下的不平衡电流整定，一般根据实际情况取 $0.3 \sim 0.5$ 倍主变高压侧额定电流，一般按 0.7 倍主变高压侧额定电流整定。

比率差动电流保护装置比率差动电流保护动作方程如下。

$$\begin{cases} I_{cd} > I_{CD} \quad (I_{zd} < I_{GD1}) \\ I_{cd} > I_{CD} + K_1(I_{zd} - I_{GD1}) \quad (I_{GD1} \leqslant I_{zd} < I_{GD2}) \end{cases} \tag{9-1}$$

$$I_{cd} > I_{CD} + K_1(I_{GD2} - I_{GD1}) + K_2(I_{zd} - I_{GD2}) \quad (I_{zd} \geqslant I_{GD2})$$

式中　I_{cd}——差动电流；

　　　I_{zd}——制动电流；

　　　I_{CD}——差动电流动作门槛定值；

　　　I_{GD1}——制动电流拐点 1 定值；

　　　I_{GD2}——制动电流拐点 2 定值；

　　　K_1——比率制动系数 1；

　　　K_2——比率制动系数 2。

装置的动作特性曲线如图 9-3 所示。

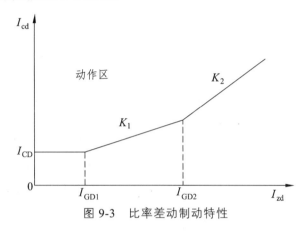

图 9-3　比率差动制动特性

比率制动拐点电流 1（I_{GD1}）：根据实际情况取 0.5～1 倍主变高压侧额定电流，一般按 1 倍主变高压侧额定电流整定。

比率制动拐点电流 2（I_{GD2}）：根据实际情况取 1～5 倍主变高压侧额定电流，一般按 4 倍主变高压侧额定电流整定。

比率制动系数 1（K_1）：取 40%～50%，一般按 40% 整定。

比率制动系数 2（K_2）：取 60%～70%，一般按 60% 整定。

二次谐波制动系数：按基波电流中二次谐波含量超过 15%～20% 整定，短路电流二次谐波含量低，涌流二次谐波含量较高（一般在 20% 以上）。一般按 15% 整定。当二次谐波电流大于基波电流的 15% 时，比率差动保护不动作，可以躲过变压器空投时的励磁涌流的影响。

平衡系数：以高压侧为基准，按变压器变比及高低压侧电流互感器的选择进行整定。

差动速断电流：按变压器空载合闸时可能出现的最大涌流的 1.5～2 倍整定，励磁涌流的大小与变压器合闸瞬间电源电压的初相角及铁心中的剩磁大小有关。正常情况下（稳态）此电流很小，一般不超过变压器额定电流 3%～5%。在变压器空载投入或外部故障切除后电压恢复的暂态的过程中，变压器将产生很大的励磁涌流，严重时为变压器额定电流的 6～8 倍，励磁涌流开始瞬间，衰减很快，经 0.5～1 s，其值不大于 0.25～0.5 倍额定电流。由于励磁涌流仅流过变压器的电源侧，且有较高的二次谐波含量，所以在差动回路中不能被平衡，二次谐波能闭锁，相当于变压器差动保护范围内发生故障，比率差动保护不会动作，需设置差动速断保护。差动速断电流按变压器额定电流的 6～8 倍整定，一般按 8 倍主变高压侧额定电流整定。

（4）低压闭锁的过流保护。电流按主变高、低压侧额定电流的 1.5 倍整定，电压按 60.6 V 整定，高压侧过流延时 1.5 s，低压侧过流延时 1 s。低压闭锁的高压侧过流保护要和上级地方供电保护配合。低压闭锁的低压侧过流保护在 AT 供电方式下，要考虑过流保护接线方式，只接 T 线电流或 T 线电流、F 线电流分别接线时按低压侧额定电流的 1.5 倍整定，T 线电流和 F 线电流差接时按低压侧额定电流的 3 倍整定。

（5）过负荷保护整定。电流按主变高压侧额定电流的 1.5 倍整定，60 s 报警，90 s 跳闸。

（6）失压保护。电压按采集电压（线电压或相电压）的 1/2 整定。

二、电容补偿装置保护

牵引负荷的功率因数一般较低，由电力机车的功率因数及接触网与牵引变电所变压器的感抗所决定，在这种情况下，要提高牵引供电系统的功率因数，就必须提高电力机车本身的功率因数以及在牵引变电所内或接触网其他地点安装无功功率补偿装置。

全所停电时，一般情况下应将所有馈线开关断开，母线来电后，负荷为零，母线电压较高，电容器若不事先断开，在较高的电压下突然充电，有可能造成电容器严重喷油或鼓肚。同时，因为母线没有负荷，电容器充电后，大量无功向系统倒送，使母线电压更高，此时，即使是将各路负荷送出，负荷恢复到停电前还需一段时间，母线很可能维持在较高的电压水平上，超过了电容器允许连续运行的电压值（电容器长期运行电压一般不超过额定电压的 1.1 倍）。此外，空载变压器投入运行时，其充电电流在大多数情况下以三次谐波为主，这时，如果电容器电路和电源侧阻抗接近于共振条件，其电流可达电容器额定电流的 2~5 倍，持续时间 1~30 s，可能引起过流保护动作。鉴于以上原因，停电时必须先将电容器断开，来电待馈线送出后，再投入电容器。

电容器允许长期运行电流一般不超过额定电流的 1.3 倍。

电容器断路器保护跳闸后，一般不准强行送电（失压保护除外），必须检查保护动作情况并进行分析判断，检查断路器、电流互感器、电力电缆等设备情况，对电容器逐个放电后检查电容器、电容器保险的运行情况。查明原因并将故障部位处理好后方可试投电容器。

（一）电容补偿装置保护

（1）电流速断保护按躲过并补支路投入或电容器单独投入时的最大涌流整定，用于保护补偿装置断路器到电容器组连线之间的短路故障，不因负荷产生高次谐波电流而动作。

$$I_{SD} = K_k \times \sqrt{2}I_e(1+\sqrt{X_C/X_L})$$

式中，K_k 取 1.2，I_e 为额定电流。

$$I_{SD} = 6.5I_e$$

一般按额定电流的 4 倍整定。延时 0.1 s。

（2）过电流保护按大于电容器允许长期运行电流整定，用于补偿装置内部部分接地故障，用延时躲过合闸涌流。

$$I_{g1} = K_k \times I_e$$

式中，K_k 取 1.4，I_e 为额定电流。

一般按额定电流的 1.4 倍整定。延时 0.5 s。

（3）差电流保护。

$$I_{cd1} = K_k \times k_{tx} \times \Delta CT \times I_{max}/nL_H$$

式中 K_k——可靠系数，取 1.3；

k_{tx}——CT 同型系数，上下 CT 相同取 0.5，不同取 1.0；

ΔCT——CT 最大允许误差，一般为 0.1。

$$I_{max} = (1 + \sqrt{X_C/X_L}) \times I_e$$

（4）差压保护。

差压保护可按单台电容开路或击穿后，故障相其余单台电容承受电压不长期超过 1.1 倍额定电压的原则整定。电气化铁路运行由于谐波含量高，当单只电容故障时，容易使得电容电抗参数匹配产生三次谐振。为提高故障检出能力，当单台电容开路或击穿后，差压保护应准确动作。也可按照以下原则整定。

设电容器组由 M 并 N 串组成，电抗率为 α（0.12）。

故障前电容器组和电抗器组

$$Z_c = -j\frac{NX_{ce}}{M}$$

$$Z_1 = j\alpha\frac{NX_{ce}}{M}$$

总支路阻抗

$$Z = -j(1-\alpha)\frac{NX_{ce}}{M}$$

故障后

$$Z_{c1} = -j(N/2 \cdot X_{ce}/M)$$

$$Z_{c2} = -j\left(\frac{(N/2-1)X_{ce}}{M} + \frac{X_{ce}}{M-1}\right)$$

故障后故障电流

$$I = \frac{U_m}{Z_{c1} + Z_{c2} + Z_1} = \frac{U_m}{-jX_{ce}\left[\frac{(N-1)-\alpha N}{M} + \frac{1}{M-1}\right]}$$

不平衡电压

$$\Delta U = I(Z_{c2} - Z_{c1}) = -jIX_{ce} \frac{1}{M(M-1)} = \frac{U_m}{N(M-1)(1-\alpha)+1}$$

实际整定值

$$\Delta U_{dz} = \frac{\Delta U}{K \times n_{YH}}$$

式中，K 为可靠系数取 $1.2 \sim 1.3$，n_{YH} 为电压互感器变比。

$$U_{cd1} = U_{cn}/n_{YH}/K_k/[MN - (N - 1)]$$

（5）谐波过电流保护。

谐波过电流保护用于防止谐波含量过高而引起电容器过热对电容器造成的危害。按电容器允许的谐波电流整定。

$$I_{xb} = I_{hn}/K_k$$

式中　I_{hn}——电容器允许的谐波电流；

K_k——可靠系数取 1.2。

（6）过电压保护。

过电压保护取母线电压是为了防止母线电压过高时损坏电容器，且切除电容器可降低母线电压。为防止电容器未投时误发信号或保护动作后装置不复归，过电压保护中加有断路器位置判据。

$$U_{gy} = K_k \times U_n$$

式中　U_n——母线额定电压；

K_k——可靠系数，一般取 $1.2 \sim 1.3$。

（7）低电压保护。

当电容器组所接母线突然失压时，电容器的积聚电荷缓慢释放，若电压立即恢复而电容器再次充电，则可能造成电容器过电压损坏。如果电容器还接在母线上，当电压恢复时，空载变压器带大容量的电容负荷，将使工频电压显著增高，这将对变电所设备及电容器本身造成伤害。考虑上述情况，应装设低电压保护。

$$U_{dy} = K_k \times U_n$$

式中　U_n——母线额定电压；

K_k——可靠系数，一般取 $0.5 \sim 0.6$。

（二）馈线保护

牵引网馈线的主保护是距离（阻抗）保护，采用灵敏度高的四边形特性，主要有方向性四边形特性、平行四边形偏移特性（见图 9-4）。

牵引网馈线保护还包括过电流、电流速断、电流增量（高阻）等。

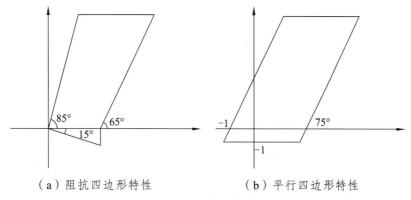

（a）阻抗四边形特性　　　　　　（b）平行四边形特性

图 9-4　阻抗保护特性

1. 偏移平行四边形特性整定

偏移平行四边形特性整定分两种情况：一种是作为线路保护呈纵长特性时的整定方法，另一种是作为保护安装地点近端短路为躲过过渡电阻影响的横长特性的整定方法。

纵长特性整定方法示意图如图 9-5 所示。

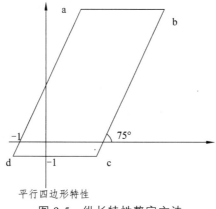

平行四边形特性

图 9-5　纵长特性整定方法

横长特性整定示意图如图 9-6 所示。

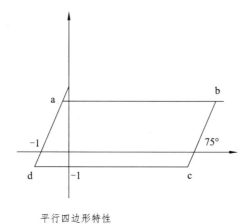

平行四边形特性

图 9-6　横长特性整定方法

1）纵长特性整定方法

（1）X 边（ab 边）的整定。

ab 边的整定原则：当保护范围末端短路时，继电器应能可靠动作。根据保护线路的电抗值整定。

$$X_1 = K_k \times X$$

式中　K_k——可靠系数取 1.2；

　　　X——被保护线路的电抗值。

（2）R 边（bc 边）的整定。

bc 边的整定原则：正常情况下出现最小负荷阻抗时（母线工作电压最低，负荷电流最大）继电器不应动作。

$$R_1 = U_{min}/If_{max}(\cos\varphi - \sin\varphi/\tan\theta)$$

式中，$\varphi = 37°$，$\theta = 75°$。

2）横长特性整定方法

（1）X 边（ab 边）的整定。

ab 边的整定原则：正常情况下出现最小负荷阻抗时，继电器不应误动。

$$X_2 = (U_{min}/If_{max})\sin\varphi$$

（2）R 边（bc 边）的整定。

bc 边主要用于防止出现过渡电阻时使保护拒动，因此应根据最大过渡电阻整定，由于故障点的电弧电阻难以预计，一般按线路上高压电气设备外壳的接地电阻整定。

$$R_2 = K_k R$$

式中　K_k——可靠系数取 1.2；

　　　R——高压设备外壳接地电阻。

对复线末端并联供电时，过渡电阻在故障点靠近分区所附近位置时会增大 2 倍。

$$R_2 = 2K_k R$$

2. 馈线阻抗保护

变电所馈线设两段平行四边形阻抗保护，第一段保护电抗值按不超过分区所的电抗值整定，第二段保护电抗值按不超过分区所一段保护的范围来整定。阻抗保护的电阻值按躲过最小负荷电阻整定。馈线阻抗继电器保护特性整定为平行四边形特性，阻抗边的角度按照 75°整定，偏移电阻和偏移电抗按 $-1\,\Omega$ 整定。

对于 SS—SP 的接触网馈电线设正、反方向一段四边形特性的阻抗保护，电抗值按全保护区最大电抗的 1.2 倍整定。阻抗保护的电阻值按躲过最小负荷电阻整定。馈线阻抗继电器保护特性整定为平行四边形特性，阻抗边的角度按照 75°整定，偏移电阻和偏移电抗按 $-1\,\Omega$ 整定。

（1）变电所馈线阻抗保护整定。

X_1：阻抗保护一段计算电抗（设计院给定）。

X_2：阻抗保护二段计算电抗（设计院给定）。

$$X_1 = 保护线路长度 \times 0.85 Z_0 \sin75°$$

$U_{\min}$：55 kV，母线最低工作电压。

$If_{\max}$：最大负荷电流（$I_t + I_f$）/2。

n_{LH}：流互变比。

n_{YH}：压互变比。

保护定值计算：

阻抗一段电抗定值：$x_1 = X_1 \times$（n_{LH} / n_{YH}）

阻抗二段电抗定值：$x_2 = X_2 \times$（n_{LH} / n_{YH}）

阻抗一二段电阻定值：

$$R = （U_{\min} / K_k If_{\max}）\times （\cos37° - \sin37°/\tan75°）\times （n_{LH} / n_{YH}）$$

式中　K_k——可靠系数取 1.2 ~ 2。

（2）分区所馈线阻抗保护整定。

X_1：阻抗保护一段计算电抗（设计院给定）

$$X_1 = 保护线路长度 \times 1.2 Z_0 \sin75°$$

$U_{\min}$：37.5 kV 母线最低工作电压。

$If_{\max}$：最大负荷电流（$I_t + I_f$）/2。

n_{LH}：流互变比。

n_{YH}：压互变比。

保护定值计算：

阻抗一段电抗定值：$x_1 = X_1 \times$（n_{LH} / n_{YH}）

阻抗一二段电阻定值：

$$R = （U_{\min} / K_k If_{\max}）\times （\cos37° - \sin37°/\tan75°）\times （n_{LH} / n_{YH}）$$

式中　K_k——可靠系数取 1.2 ~ 2。

3. 大秦线馈线电流增量保护

距离保护主要保护线路的金属性短路，距离保护装置特性为躲过线路的最大负荷，其保护范围最大为 40 多欧，而实际运行时，考虑到距离保护整定要躲过馈线最大负荷，整定值一般仅为 10 欧左右，当线路短路接地电阻较大时，如存在过渡电阻或非金属性短路时，保护就无法动作，降低了供电系统的可靠性。此时要求装置设置电流增量保护。

通过比较短路与负荷两种状态可知，无论是在牵引运行状态还是在再生制动状态，负荷电流中均含有大量的高次谐波（三次谐波为主）。另外，当 AT 变投入或机车变压器投入时，产生的励磁涌流含有很高的二次谐波分量。而短路故障时，短路电流接近于纯正弦波，故障电流基本是基波，并且在短路瞬间其电流增量很大。现运行的增量保护就是用这一特点来区分短路电流和负荷电流的。

当线路电流中基波增量很大，而高次谐波增量很小时，利用高次谐波抑制、二次谐波闭锁功能并判断基波电流增量而动作的ΔI保护（高阻保护）可以不受机车再生负荷的影响，而作为距离保护的后备保护动作，切除故障点，消除高阻故障带来的危害，确保牵引供电稳定可靠。

当多辆电力机车在供电臂高速运行，使电气化铁道重负荷工作时，其工作电流中三次谐波含量达 20%左右，尤其当机车再生制动时，其三次谐波的含量将更高；当投入 AT 和机车变压器时，产生的励磁涌流也含有很高的直流和二次谐波成分，这样的条件下，二次谐波闭锁、三次谐波抑制、增量保护就可以正确地选择故障电流。

电流增量保护整定为该区间实际走行一列车的最大电流值的两倍，按现运行设备实际监测负荷情况基本满足要求，实际运行电流绝大部分在 1 000 A 以下。一般情况下按一台机车的最大启动电流的 1.3 倍整定。

电流增量保护原理：

$$\Delta I = I_{1h} - I_{1q} - K_{hr2}(I_{gh} - I_{gq}) > 50I_{DC} \tag{9-1}$$

$$K_{h1} < I_2 / I_1 \tag{9-2}$$

式中　K_{hr2}——增量保护谐波加权系数，通过定值整定；

　　　K_{h1}——二次谐波闭锁系数，通过定值整定；

　　　$50I_{DC}$——增量保护电流定值；

　　　I_{1h}、I_{1q}——故障前后两时刻基波电流；

　　　I_{gh}、I_{gq}——故障前后两时刻三次、五次谐波电流之和；

　　　I_1、I_2——故障后基波、二次谐波电流。

定值整定：

$$I_{zl} = K_k I_{qd}$$

式中　K_k——可靠系数取 1.3；

　　　I_{qd}——机车启动电流。

4. 馈线过电流保护

机车在线路上行驶时，负荷电流经常变化，即在任一电流值下运行的时间都很短。而故障电流只要一产生，就一直持续到故障切除后才完结。因此，根据电流持续时间的不同可以鉴别故障。根据这一原理采用具有阶梯特性的三段过电流保护。保护根据实际的负荷电流时间曲线进行整定。本保护一般作为牵引馈线的后备保护。三段过流保护均可以选择谐波抑制和二次谐波闭锁功能，具体功能同电流速断保护。

馈线过电流保护整定一般按最大负荷电流的 1.2 倍整定。

$$I_{gl} = 1.2 I f_{max} / K_k$$

式中　K_k——可靠系数，取 0.9。

5. 馈线电流速断保护

当系统发生严重故障时为消除阻抗保护动作死区，设置该保护时，对重负荷线路可以选择低电压闭锁、二次谐波闭锁、谐波抑制特性。一般按保护范围末端最大短路电流整定。

$$I_{sd} = K_k \left(U_{min} / n_{YH} \right) / \left(XL \right)$$

式中　K_k——可靠系数取 1.2；

　　　X——线路单位电抗；

　　　L——供电臂长度。

为消除阻抗保护动作死区，保护供电臂近端短路大电流故障，可按额定电流的 3 倍整定，5 A 流互系统为 15 A。

6. PT 断线报警及闭锁阻抗保护

1）PT 断线告警

在保护未启动的情况下，装置设有 PT 断线告警的功能，可以通过控制字投退。投入 PT 断线后，检测到电压低于 30 V、电流大于 0.25 A（额定电流为 5 A）或 0.05 A（额定电流为 1 A），延时 3 s 告警，点亮面板告警灯。只有当电压恢复到大于 30 V 时，告警自动解除，面板告警灯熄灭，告警返回。判据为

$$U < 30 \text{ V} \tag{9-3}$$

$$I > 0.05 I_n \tag{9-4}$$

2）PT 断线闭锁距离保护

当保护未启动时，如果发生了 PT 断线则闭锁距离保护；保护启动后，PT 断线闭锁距离保护的判据与保护未启动时的判据不一样：

$$|X| + |R| < 1 \ (\Omega) \ （额定电流为 5 A）$$

或

$$|X| + |R| < 5 \ (\Omega) \ （额定电流为 1 A）$$

$$I < 74PTBLC$$

式中 74PTBLC 为 PT 断线闭锁电流定值，可以整定。

阻抗保护是当测量到阻抗值 Z（$Z = U/I$）等于或小于整定值时动作，即测量到电压降低，电流增大，相当于阻抗 Z 减小，当 Z 等于或小于整定值时阻抗保护动作。线路突然失压、电压互感器二次回路断线（电压消失），线路上还有机车取流，会造成阻抗保护误动作，设置 PT 断线闭锁距离保护。

PT 断线闭锁距离保护功能应检测线路电流的大小，当线路发生接地短路故障时，电压降低，电流为短路电流，这时也会达到 PT 断线的判据条件。此时，应不能闭锁距离保护，即 PT 断线闭锁电流定值小于短路电流值。

7. 馈线重合闸

一般情况下，重合闸的条件为：

（1）重合闸功能投入。

（2）断路器在合位。

（3）重合闸充电完成。

（4）保护跳闸。

从保护跳闸后开始计时，到重合闸延时时间后发出重合闸命令。分区所、开闭所检有压重合闸，到重合闸延时时间时检是否有压，有压则发重合闸命令，无压则不发重合闸命令。变电所重合闸延时应与电力机车保护相配合，一般为 2 s。变电所断路器重合成功，为保证分区所、开闭所检有压重合闸成功，可将分区所、开闭所检有压重合闸延时设为 3 s。

当断路器在分位，手合（遥合）断路器于故障线路时，加速跳闸，不发重合命令。

有的综自厂家（南自）还设有手合（遥合）闭锁功能，当馈线发生永久性故障时，断路器重合保护装置加速跳闸后（重合失败），启动手合（遥合）闭锁功能，闭锁手合（遥合）断路器。

有的综自厂家（南自）还可设置大电流闭锁重合闸，当保护跳闸时，装置检测到的跳闸电流若大于大电流闭锁重合闸电流定值，则不启动重合闸。牵引变电所馈线保护设置大电流跳闸不启动重合闸功能，虽对变电所馈线跳闸后恢复送电有一定影响，但可以减少大电流对主变压器等一次设备的冲击。

变电所馈线设置大电流跳闸不启动重合闸功能，应考虑将分区所重合检有压取消，这样当变电所上行馈线断路器不重合时，可由分区所并联断路器重合由下行馈线向上行线路试送电，这也符合《高速铁路接触网故障抢修规则》第 14 条的规定。

第三节　交流牵引网故障测距

一、线路故障测距的基本概念

（一）线路故障测距装置的作用

输电线路是供电系统的一个重要组成部分。当输电线路发生短路故障时，靠人力查找短路故障点，不但要耗费大量工时，面临许多困难，而且要延长故障停电的时间。采用线路故障测距装置，能够有效地解决这个问题。

对于牵引供电系统，当接触网发生短路和接地故障时，除了应有动作可靠的继电保护和自动装置外，为了尽快查找到故障点，缩短故障抢修时间，国外高速铁路一般都配置接触网故障点测距与实时录波功能，有的牵引变电所单独配置故障点测距与实时录波装置，有的将故障点测距与实时录波功能集成于微机型保护装置中。

在牵引供电系统中，对于直接供电方式和 BT 供电方式，故障点测距原理国内外无一例外地采用了电抗法或阻抗法；对于 AT 供电方式，日本采用的故障点测距原理为"AT 中性点吸上电流比"原理。随着我国电气化铁路供电方式的多样化，各种测距原理应运而生，以满足现场需要。

（二）线路故障测距装置的类型

1. 脉冲探测式故障测距装置

在线路的一端送入一个脉冲电磁波，并以等速度 v 向另一端传播。当线路存在短路故障点时，将产生反射波（因为故障点的波阻抗显著改变）。通过检测反射波的返回时间 x，就可以判定短路故障点的距离，原理示意图如图 9-7 所示。脉冲探测式线路故障测距装置不受工频参数和运行方式影响，但要求装设波器。

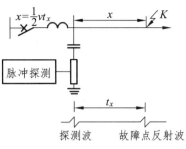

图 9-7　脉冲探测式故障测距装置

2. 冲击波收信式故障测距装置

由线路故障点 K 向 M、N 两侧发射冲击波，在 N 侧收到的冲击波再向 M 侧传送，则 M 侧收到故障点 K 及由故障点 K 经 N 侧传到 M 侧的两种波。测得这两种波的时间差，即可测得故障点距离，原理说明如图 9-8 所示。

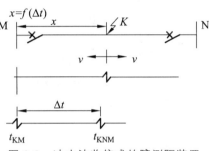

图 9-8　冲击波收信式故障测距装置

3. 测定短路工频电抗式故障测距装置

在线路发生短路故障时，短路阻抗 $Z_k = R_k + jX_k$，其中电阻值 R_K 不可避免地含有故障点过渡电阻的成分，受随机因素影响较大。而电阻抗 X 基本上不受运行方式、故障电流大小及其他随机因素的影响。因此，以短路电抗值 X 表示故障点距离 L_K。原理说明如图 9-9 所示。

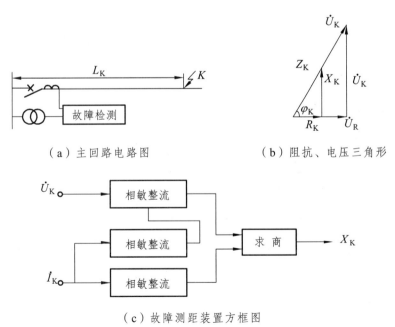

（a）主回路电路图　　　　　（b）阻抗、电压三角形

（c）故障测距装置方框图

图 9-9　测定短路工频电抗式故障测距装置

- 145 -

当线路发生短路故障时，故障测距装置经电压互感器 TV 送入母线电压 U，经电流互感器 TA 送入短路电流 I，经故障测距装置有关部分变换处理后得到电抗电压降 U_x、电流 I，然后求商得短路故障点至母线的线路电抗 X（$\Omega2$），短路故障点距离为

$$Lx = K（km）$$

式中　x——线路单位距离电抗值（Q/km）。

二、AT 供电系统牵引网故障测距原理

（一）AT 牵引供电系统

1. AT 牵引供电系统示意图

我国新建客运专线典型牵引供电系统如图 9-10 所示，主要由牵引变电所、牵引网、电力机车负荷组成。图中，T 为变压器，CB 为断路器，AT 为自耦变压器，T、F 分别为 T 线（Track wire）母线、F 线（Feeder wire）母线。

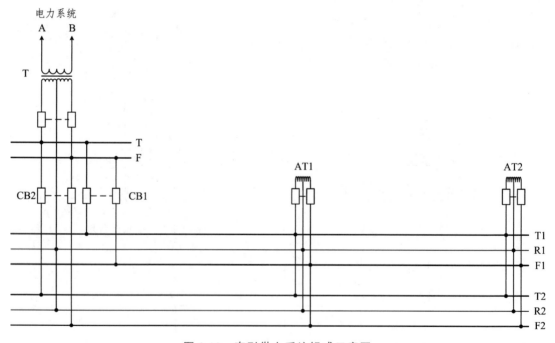

图 9-10　牵引供电系统组成示意图

2. 主接线图

典型 AT 变电所主接线如图 9-11、9-12 所示。

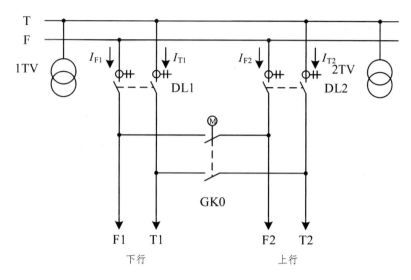

图 9-11　典型客专 AT 变电所馈线接线图（武广模式）

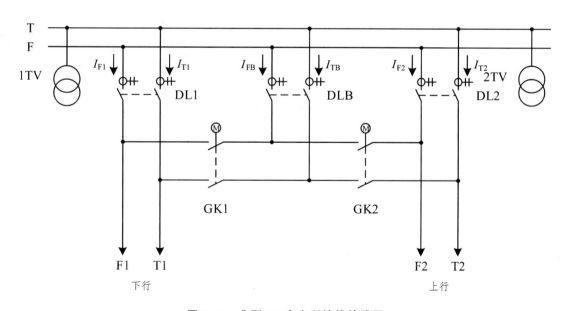

图 9-12　典型 AT 变电所馈线接线图

典型 AT 所主接线如图 9-13、图 9-14 所示。

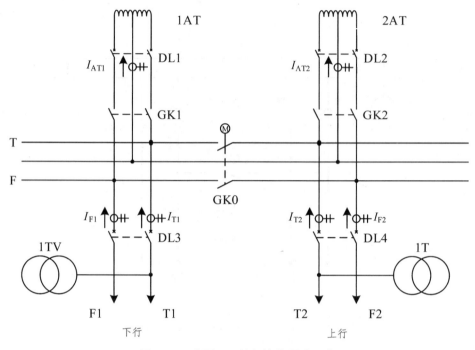

图 9-13　典型 AT 所主接线图（一）

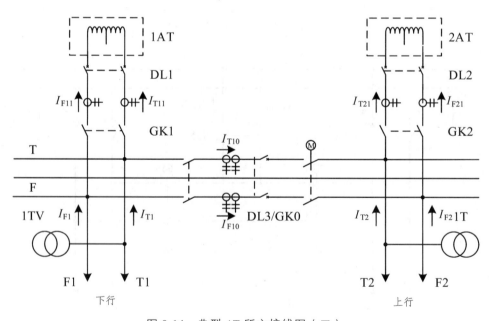

图 9-14　典型 AT 所主接线图（二）

在后面的原理介绍和工程设计中，主要以武广线（武汉—广州）模式的变电所和 AT 所为例子说明。

（二）AT 故障测距基本原理

测量工频电抗型牵引网故障测距装置适用于直接供电方式和 BT 供电方式，如果把它应用于 AT 供电方式，就会出现较大的理论误差。这是因为 AT 供电系统的牵引网电抗-距离特性为一条弓形曲线，如图 9-15 所示。

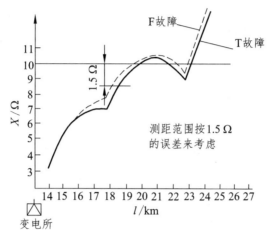

图 9-15　AT 供电方式牵引网的电流-距离特性曲线

如果测量工频电抗值为 10 Ω，对应可得到 19.9 km、21.7 km、23.3 km 三个不同的距离点。因此，在 AT 供电方式下，电抗型牵引网故障测距装置不能尽快发现故障点。于是，日本在 20 世纪 60 年代末研制的吸上电流比型 AT 牵引网故障测距装置得到了广泛应用。

1. AT 吸上电流比原理

AT 吸上电流比型 AT 牵引网故障测距装置的接线图如图 9-16 所示，变电所、AT 所、分区亭三处的吸上电流分别为

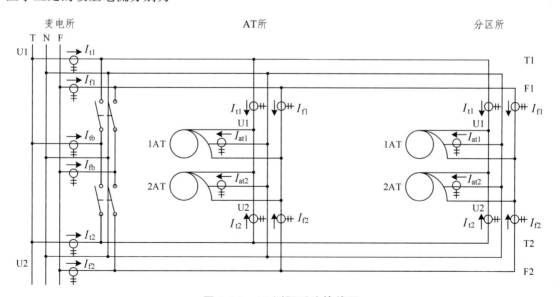

图 9-16　AT 测距系统接线图

$$\begin{cases} \dot{I}_{atSS} = \dot{I}_{t1} + \dot{I}_{f1} + \dot{I}_{t2} + \dot{I}_{f2} + \dot{I}_{tb} + \dot{I}_{fb} \\ \dot{I}_{atATP} = \dot{I}_{at1} + \dot{I}_{at2} \\ \dot{I}_{atSP} = \dot{I}_{at1} + \dot{I}_{at2} \end{cases}$$

故障 AT 段判断方法：首先找到各处 AT 吸上电流模值最大值，并寻找相邻 AT 吸上电流，取次大值处 AT 位置，确定故障区段，然后通过吸上电流比 $Q = \dfrac{I_{at(n+1)}}{I_{at(n)} + I_{at(n+1)}}$ 计算实际故障位置。测距公式：

$$L = \sum_{i=0}^{n-1} D_i + l_k + \frac{Q - Q_k}{Q_{k+1} - Q_k}(l_{k+1} - l_k) \tag{9-5}$$

式中，n、$n+1$ 为故障 AT 段两端的吸上电流编号，k、$k+1$ 为故障 AT 段两端的吸上电流编号，D_i 为各 AT 段长度，l_i 为各分段点距离，Q_n 为各分段点出故障时的吸上电流比。

图 9-17 所示为三个测距装置、两个 AT 段示意图。

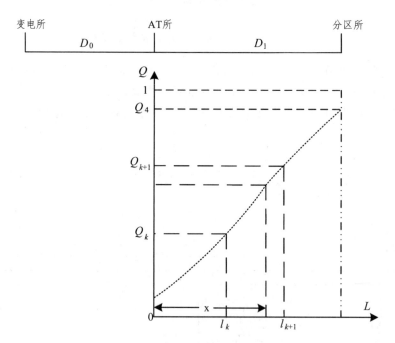

图 9-17 AT 吸上电流比原理示意图

2. 上下行电流比原理

如图 9-18 所示，当 AT 所上下行不并联，分区所并联，无论是 T、F、TF 故障，均可采用上下行电流比测距原理，计算公式如下。

$$L = \frac{\min(|\dot{I}_{TF1}|,|\dot{I}_{TF2}|)}{|\dot{I}_{TF1}| + |\dot{I}_{TF2}|} \times 2(D_0 + D_1) \tag{9-6}$$

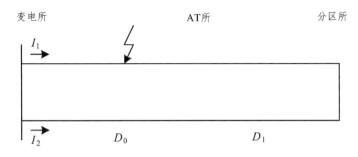

图 9-18 上下行电流比原理示意图

其中，$|\dot{I}_{\mathrm{TF1}}|$、$|\dot{I}_{\mathrm{TF2}}|$ 分别为下行、上行馈线电流模值；D_0、D_1 分别为变电所—AT 所、AT 所—分区所的距离。其中，$\dot{I}_{\mathrm{TF1}} = \dot{I}_{\mathrm{T1}} - \dot{I}_{\mathrm{F1}}$，$\dot{I}_{\mathrm{TF2}} = \dot{I}_{\mathrm{T2}} - \dot{I}_{\mathrm{F2}}$。

3. 横联线电流比原理

无论是 T、F、TF 故障，均可采用横联线电流比测距原理，计算公式如下。

$$L = \sum_{i=0}^{n-1} D_i + \frac{I_{\mathrm{HL}(n+1)}}{I_{\mathrm{HL}n} + I_{\mathrm{HL}(n+1)}} \times D_n \qquad (9\text{-}7)$$

横联线电流比测距原理与 AT 吸上电流比原理类似，要获取三个处所的横连线电流，找到最大的两个，确认故障的 AT 段，按式（9-7）计算。

其中，$I_{\mathrm{HL}n} = |\dot{I}_{\mathrm{TF1}}|$ 为各处所的横联线电流模值。

4. 电抗法原理

判断为直供方式或重合闸失败且整定为电抗法时，根据故障类型为 T、F 或 TF 故障，采用变电所测量电抗查表测距。电抗计算公式如下。

变电所下行电抗

$$x_1 = imag\left(\frac{\dot{U}_{T1}}{\dot{I}_{\mathrm{TF1}}}\right) \qquad (9\text{-}8)$$

变电所上行电抗

$$x_2 = imag\left(\frac{\dot{U}_{T2}}{\dot{I}_{\mathrm{TF2}}}\right) \qquad (9\text{-}9)$$

电抗法故障测距原理：如图 9-19 所示，已知电抗 x，电抗距离表的正线上的 x_1、L_1、x_2、L_2。

$$x = \frac{L_2 - L_1}{x_2 - x_1}(x - x_1) + L_1 \qquad (9\text{-}10)$$

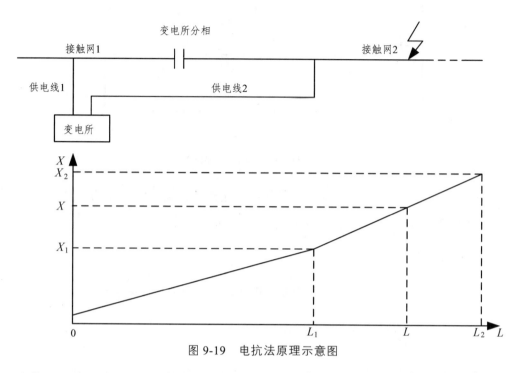

图 9-19　电抗法原理示意图

定值整定的时候，要考虑供电线的分段距离表；分别整定 T、F、TF 型电抗距离。

5. AT 测距原理综合应用

AT 故障测距系统是按供电臂为单位配置和测距的。在正常运行方式下（AT 所并联：两个馈线断路器合位、联络开关合位），当发生瞬时性故障时，收集 AT 所、分区所故障数据，主要采用吸上电流比测距原理；当发生永久性故障时，直接采用变电所测距装置电抗法测距（数据采用重合闸失败后的测量电抗）。

当变电所、AT 所和分区所的吸上电流小于 TF 型故障判断的电流整定值，即 $max(|\dot{I}_{atSS}|,|\dot{I}_{atATP}|,|\dot{I}_{atSP}|) < I_{set}$，则为 TF 型故障。当发生 TF 型故障，找到横联线电流（变电所横联线电流为 $I_{HL0} = \dfrac{|\dot{I}_{TF1}| - |\dot{I}_{TF2}|}{2}$，其他所的为 $I_{HLn} = |\dot{I}_{TF1}|$）最大者，根据横联线电流最大值和次大值求横联线电流比，并求出故障距离。如横联线电流最大值在变电所处，则当 $|\dot{I}_{TF1}| > |\dot{I}_{TF2}|$，判别为下行方向，反之为上行方向；当 AT 所处 $-45° < \arg(\dot{U}_1,\dot{I}_{TF1}) < 135°$，判别为上行方向，反之为下行方向。

当不是 TF 故障时，故障 AT 段为吸上电流最大处所和最大相邻的次大值处所之间。根据最大吸上电流处所处的 $max(|\dot{I}_{t1}|,|\dot{I}_{f1}|,|\dot{I}_{t2}|,|\dot{I}_{f2}|)$，确定故障上、下行和 T、F 类型。例如，$max(|\dot{I}_{t1}|,|\dot{I}_{f1}|,|\dot{I}_{t2}|,|\dot{I}_{f2}|) = |\dot{I}_{t1}|$，则故障在下行且为 T 型故障。最后采用吸上电流比测距。

（三）故障测距系统构成框图

单线 AT 供电方式故障测距系统的构成框图如图 9-20 所示。图中各供电装置 AT 中点与钢轨之间设有电流互感器 TA，故障时 AT 中点吸上电流由 TA 二次绕组输入测量转换装置。各 AT 之间的专用通道为 LL，牵引变电所微机远动终端与调度中心计算机的联系由远动系统通道 YL 承担。

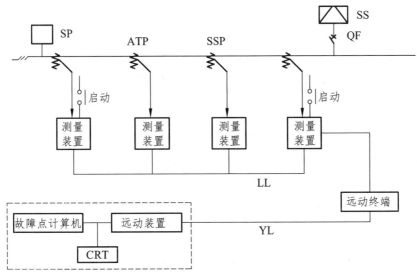

图 9-20 故障测距系统构成框图

故障测距系统各供电装置 AT 的数据测量及其传输装置按供电装置本身功能和设备而有所不同，主要有下列两种类型。

1. 具有微机远动终端的牵引变电所故障测距装置

牵引变电所故障测距装置由测量装置部分、接收与发送装置部分、中继继电装置等组成，并与各传输通道相连接。其构成框图如图 9-21（a）所示。各组成部分的主要功能如下。

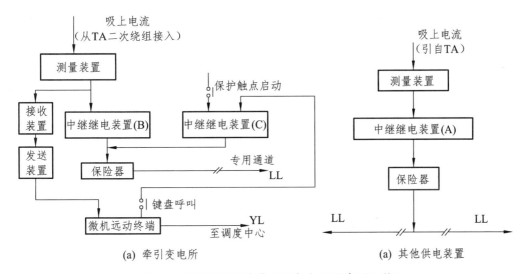

(a) 牵引变电所　　　　　　　　　(a) 其他供电装置

图 9-21 变电所与其他供电设备中的故障测距装置

（1）测量装置部分：测量牵引变电所 AT 中点吸上电流模拟量数值，并将其转换为数字信号。

（2）接收与发送装置部分：前者接收故障和试验启动信号，同时接收各 AT 测量装置部分传送的数字信号并以 BCD 代码存储；后者则按时分制依次将接收装置部分接收到的数字信号用 8 位 BCD 代码直接传送到牵引变电所微机远动终端，经远动系统重新编码后再转发至调度中心。

（3）中继继电装置（多种类型）：接收和传送继电保护动作的启动信号，并把测量装置输出的串行码码元强度提高至 30～60 V，以便向通道传送测量到的 AT 终点吸上电流数字信号。

2. 其他供电设备的 AT 供电方式故障测距装置组成环节

开闭所（SSP）、分区所（SP）和 AT 所（ATP）等供电设备中的 AT 供电方式故障测距装置仅设有测量装置部分和中继继电装置等环节，其构成框图如图 9-21（b）所示。各环节的功能与上述相同，但中继继电装置所接收的启动信号是由专用通道从牵引变电所中继继电装置传送而来。

由该原理构成的牵引网故障测距装置存在一定的缺点，主要表现就是故障测距靠利用故障点两侧 AT 中点吸上电流计算来实现。为了保证故障点两侧 AT 吸上电流的采集同步，必须在每台 AT 处都设置一套数据采集与发送装置，必须敷设专用的传输数据和控制信号通道。这就使得该装置一次投资增大，且原理适应性较差，工作可靠性降低。

第十章　微型计算机继电保护

第一节　微型计算机继电保护概述

一、微机保护的基本构成原理

微机保护系统是由微机和相应的外围硬件电路、电源等构成的继电保护系统。图 10-1 所示为一个典型的微机保护系统原理框图。其中，数据采集单元（模拟量输入通道，也称为输入信号预处理单元）一般由电量变换电路、低通滤波器、采样保持器、多路开关和模/数（A/D）变换器等电路构成。该通道的作用是将采集到的电力系统一次设备的电流、电压等信号处理成微型计算机所需的数字量（采集到的电压、电流信号为模拟量，微型计算机是无法识别的），并传递给微型计算机。设置开关量输入通道是为了实时地了解断路器与其他辅助电器的状态信号，以保证保护正确动作。开关量信号反映断路器、隔离开

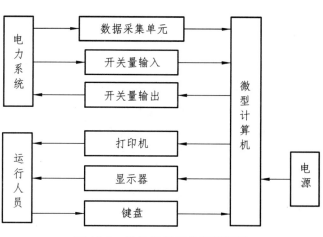

图 10-1　微机保护系统原理框图

关的辅助触点和其他执行电磁继电器触点的状态，一般应通过光电隔离后，由开关量输入、输出接口直接送至微机。开关量输出通道是为了实现断路器跳闸功能而设计的。微型计算机是微机保护系统的中心，它是一个数字计算机单元，其中存储了必需的继电保护算法模型与运算程序及各种基准数据等。在接收到输入的数字量信号后，自动地按照规定的程序执行继电保护要求的相应算法，并与相应的基准数据进行比较，以判断电力系统主电路是否发生故障，然后输出判断结果，决定继电保护是否动作，并给出相应的信号（可以是控制断路器跳闸或合闸信号、警示灯信号、警报等）。此外，它还要向运行人员输出一些信息，并与其他设备进行通信和存储相关信息。电源为整个微机系统装置提供稳定可靠的直流电源。

在电力系统正常运行的情况下，微机保护系统处于正常工作状态，通过显示器、键盘和打印机等，建立与运行人员之间的人机信息交换，可进行整定值的输入、修改，日历时钟的调整，打印整定值或显示当前的运行量等。

当电力系统发生短路故障时，故障电流、电压等模拟量信号经数据采集单元变换为数字量信号并输入微机。微机立即中断当前工作，转入执行中断服务程序。微机按规定的保护算法对故障信号进行保护运算，将运算结果与整定值比较，并进行分析判断。同时，反映对应的断路器、隔离开关的辅助触点和其他执行电磁继电器触点状态的开关量信号，由开关量输入通道送入微机。微机根据判断，一旦确认短路故障存在于保护范围内，则发出事故跳闸命令，由开关量输出通道送达远端控制装置，驱动断路器跳闸，切除短路故障，返回执行操作后的相关断路器开关状态，打印故障信息和保护动作情况。

二、微机保护的优缺点

与传统的机电型或晶体管型继电保护相比，微机保护系统的优越性主要体现在以下几个方面。

（1）功能灵活，易于获得附加功能。一是保护的动作特性可以很容易改变，以获取需要的保护性能，这是由微机的可编程特性所决定的；二是微机保护的多功能特点，这是由于可用微机保护来完成变电所中有关的监视、测量和控制功能。因为微机保护仅仅在电力系统故障期间才进行保护的算法运算，并执行保护动作功能，而这部分工作只占微机工作时间的很少一部分。另外，微机内部主要是软件运算，软件算法可以不断更新和优化，这就使整个系统的运行性能得到不断地优化和提升。微机保护装置通常配有通信接口，只要连接打印机、显示器等其他设备，就可以在系统发生故障后提供多种信息，有助于事故后的分析及判定保护的动作情况。因此，可利用微机保护完成许多附加的工作。

（2）性能参数的稳定性高。微机继电保护的动作特性和整定值等是由编好的计算机程序确定并存储起来的，只要能确保微机内部程序和数据不丢失，则微机保护的性能参数就不会变化。另外，微机保护配有较完善的服务程序的支持，技术人员也能够定期优化和升级，且其检调过程较简单，维护工作量少。

（3）可靠性高。微机保护可以对其硬件和软件进行连续的自检，以跟踪保护系统内任何部分的故障。一旦保护系统某一部分出现故障，微机保护会立即发出报警信号，并闭锁其跳闸电路，避免由于保护装置硬件的异常而引起的保护误动作或电力系统故障时保护装置拒动作。在保护软件的编程上可以实现常规保护很难办到的自动纠错和容错功能，即自动识别和排除干扰，防止由于采样信号受到干扰而造成保护误动作。因此，微机保护系统虽然比传统保护装置复杂，但更可靠。

（4）经济性高。早期的微机保护成本要比同类传统保护装置高出 10 ~ 20 倍。但是，20世纪 80 年代以后，微处理器和集成电路芯片的性能不断提高，价格不断下降，微机保护装置是一个可编程序的装置，它可基于通用硬件实现多种保护功能（可以在使用中不断优化软件，更改相关算法和策略程序即可），使硬件种类大大减少，在经济方面要优于传统保护。尤其是近年来高性能芯片、集成电路、操作系统等电子科学技术的快速发展，以及微机硬件技术的进行使微机保护的硬件成本迅速降低，而依靠硬件实现功能的传统保护装置的成本却逐年升高。

但是，在微机保护的发展过程中还存在着一些问题，主要体现在：

（1）从硬件方面看，微机技术在过去几十年的巨大变化表明，微机硬件只有很短的生命期。几乎每隔几年，硬件就会发生很大变化。这对管理和维护由旧的硬件构造起来的微机保护系统很不利。而传统继电保护装置通常具有 30 年左右的寿命，微机保护很难达到这一指标。若能够实现微机保护硬件模块化、系列化，则这一问题就能得到解决。

（2）从环境影响看，变电所的温度、湿度、脏污、电磁干扰和传导性浪涌干扰等给微机保护的实施带来了许多问题，如"读""写"出错，数据存储丢失，或程序出错甚至出现死机现象等，必须采取一些措施来克服环境影响。

（3）在操纵和维护过程中，运行人员较难掌握硬件与软件的知识产权和保密性要求，现场运行人员难以了解原理，当硬件和软件发生故障后，一般需要生产厂家派遣技术人员维修，大大延长故障排除时间。

总之，微机保护必将随着各种技术的进步和发展呈现更新的特征，获得更广泛的应用。

第二节　微型计算机继电保护的基本硬件结构

微机保护装置硬件系统基本结构框图如图 10-2 所示，它由数据采集系统、数据处理系统、输入/输出系统等部分组成。

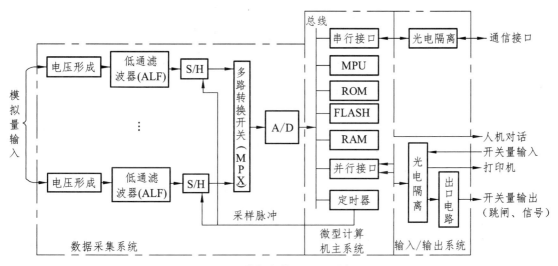

图 10-2　微机保护硬件系统框图

一、数据采集系统

数据采集系统（DAS）主要负责微机保护系统中电压、电流等模拟输入量的采集并将其准确转换成微型计算机所需的数字量，主要包括电压形成、模拟低通滤波（ALF）、采样保持（S/II）、多路转换（MPX）、模/数转换（A/D）等功能模块。

（一）电压形成电路

电压形成电路作用是将被保护的电力线路或被保护设备的电流互感器（TA）和电压互感器（TV）的二次电流和二次电压（TA 额定值为 5 A 或 1 A，TV 额定值为 100 V），变换成满足模/数（A/D）转换器量程（一般为 ±5 V 或 ±10 V）所要求的电压。电流变换有两种方式：一种是采用电流变换器（UA），其二次侧并联电阻以取得所需电压；另一种是采用电抗变换器（TX）。目前微机保护中一般使用 UA 较多。电压变换常采用电压变换器（UV，一种小型中间变压器）。这些变换器都是通过电磁感应将输入一次绕组的电量传变到二次绕组，二次侧和二次侧没有电的联系，即起电气隔离作用。这些变换器的一次与二次绕组之间有屏蔽层，对高频电磁干扰有一定的抑制作用。

（二）模拟低通滤波器

电力系统故障初期，电压、电流中含有相当高的频率分量（如 2 kHz 以上），为防止混叠，采样频率必须很高，因而对硬件速度提出过高要求。但实际上，大多数的微机继电保护都是反映 50 Hz 工频分量的。根据采样原理，如果被测信号的频率为 f_0，则采样频率 f_s 必须大于 $2f_0$，否则采样后不能表征原信号（或不能拟合还原为原信号）。因此，一旦确定被测信号频率 f_0 和采样频率 f_s 后，在采样保持前采用一个模拟低通滤波器（ALF）将高于 $\frac{1}{2}f_s$ 的高频分量滤掉，以防止高频分量混叠到工频中，可保证测量运算的准确度。而对于低于 $\frac{1}{2}f_s$ 的其他暂态频率分量，可采用数字滤波器来滤除掉。最简单的模拟低通滤波器是 RC 低通滤波器，如图 10-3 所示。

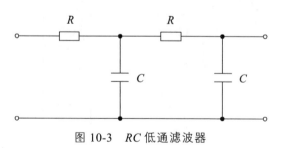

图 10-3　RC 低通滤波器

微机保护是一个实时系统，数据采集单元以采样频率不断向 CPU 输入数据，CPU 必须在采样间隔时间 T_s 内完成对每一组采样值的操作和运算，否则 CPU 将跟不上实时节拍而无法工作。微机保护中，采样频率一般采用 600 ~ 2 000 Hz。

（三）采样保持器

采样保持器的作用是实现采样(在一个极短的时间内测量模拟输入量在该时刻的瞬时值)和将采样值保持一段时间，以便将离散化采样值送至 A/D 转换器的输入端。模拟量输入信号经电压形成回路变换和低通滤波器滤波后，仍为连续变化信号。这种信号是不能够直接被模/数（A/D）转换器识别的，在输入 A/D 转换器以前，必须使之变换为离散化的信号。这一过程称为采样，由采样器完成。离散化的模拟量信号函数称为离散时间信号序列。

采样过程可用图 10-4 来说明。采样器实际上是由 CPU 和时钟控制的开关，如图 10-4（a）所示，假设输入信号为 U_{sr}，它每隔 T_s 时间（即采样间隔，也称采样周期，由微型计算机内部定时器控制）短时闭合一次，将连续模拟量信号输入回路接通，实现一次采样，其采样值即为与采样频率（$f_s = 1/T_s$，简称采样率）对应时刻的输入信号幅度的瞬时值。理想情况下采样单位脉冲序列 $\delta(t)$ 的脉冲宽度为无限小、周期为 T_s，采样器连续采样后的输出为一组脉冲序列，或称离散时间信号序列，并在一定时间内保持采样信号处于不变的状态。这样就可以得到一组保持后的信号 U_{sc}。因此，在保持阶段的任何时刻都可以进行模数转换，结果都能反映采样时刻的信息。

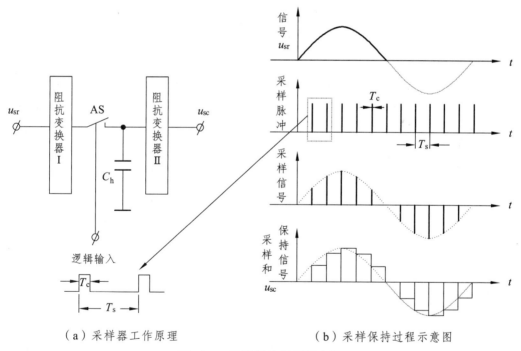

（a）采样器工作原理　　　　　（b）采样保持过程示意图

图 10-4　采样保持器原理电路

（四）多路转换开关

多路转换开关又称多路转换器，它是将多个采样保持后的信号逐一与 A/D 转换器芯片接通的控制电路。由于 A/D 转换器价格昂贵，一般微机保护都采取多路通道共用一片 A/D 转换器，在每路通道中各用一片采样保持器 S/H 芯片，在同一时刻对各路通道模拟量进行采样并保持下来，然后通过多路开关（MPX）依序将各 S/H 采样保持的模拟量由 A/D 转换器变换为数字量输入 CPU 处理，以达到分式转换的目的。

多路转换开关是一种电子型单刀多掷开关，它的作用是将各路通道的 S/H 采样保持的模拟量信号分时地接通于 A/D 转换器的输入端。常用的多路开关有 8 路、16 路等，可以接通单端或双端（即差分）信号。多路开关的接通与断开由外部控制。

（五）模/数转换器（A/D 转换器，简称 ADC）

由于计算机只能对数字量进行运算，而微机继电保护采集到的电压、电流信号为模拟信号，因此必须进行转换。A/D 转换器的作用是将 S/H 采样保持的离散化模拟量信号变换为数字化信号，以便于微机进行处理、存储、控制和显示。A/D 转换器按其工作原理可分为逐次逼近型、计数器型和积分型等。

针对微机保护而言，选择 A/D 转换器时主要考虑两个指标：一是数字输出的位数，位数越大，分辨率越高，转换得到的数字量舍入误差越小，因为保护在工作时输入信号的动态范围很大，要求有接近 200 倍的精确工作范围，所以一般要求 A/D 转换器的位数为 12 位或更大，但位数越大价格越高；另一个指标是转换时间（转换速度），由于各路通道共用一片 A/D 转换器，其转换时间 ΔT 必须满足 $\Delta T_{A/D} < \Delta T / n + $ 读写时间，其中，ΔT 为采样间隔，n 为通道数。

微机保护一般采用逐次逼近型 A/D 转换器，其主要特点：转换速度较快，约为 1～100 μs；分辨率较高，可达 18 位；转换时间稳定，不随输入信号的变化而变化。

电压/频率转换器（VFC）是近年来在 CPU 微机保护中获得广泛应用的一种模/数变换器。这种数据采集单元的主要优点是：VFC 与微机接口简单；适合于多个 CPU 共用一套 VFC（但每个 CPU 需配一套计数器），可实现多微机共享数据采集；具有低通滤波的作用，能抑制噪声干扰影响；易于提高变换精度（高于 12 位 A/D 转换器）。VFC 较适用于低频采样，不适用于高频采样，因为提高采样频率会降低其分辨率。

二、数据处理单元

数据处理单元就是微机主系统，它是微机保护装置的核心部分。图 10-5 所示为一个典型的微机保护装置的数据处理单元原理框图。

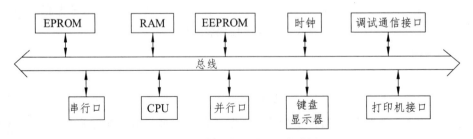

图 10-5　数据处理单元原理框图

（一）存储器

（1）EPROM：紫外线可擦除的可编程只读存储器，用于存储长期使用的监控、继电保护功能程序和自检程序等。

（2）EEPROM：电可擦除的可编程只读存储器，用于存放继电保护整定值，使用十分方便且不受装置停电的影响，写入后即使装置停电也不会丢失数据。

（3）RAM：随机存取存储器，用于暂时存放采集数据、中间运算结果、判定结果和标志等数据，可随时写入与读出。

（二）中央处理器（CPU）

它是微机保护系统的中枢，其作用是根据预定的软件，利用其算术和逻辑运算能力对输入信号进行处理、判断，从而完成保护动作与否的决定。

CPU 最重要的指标是字长和处理器的平均指令速度。微机保护系统通用的 CPU 字长有 8 位、16 位、32 位甚至 64 位运算的指令，应根据微机保护系统算法和功能要求选择字长。CPU 需用的平均指令时间可根据保护算法的计算量、数据管理系统的复杂程度、逻辑程序的数量，以及所选择的采样频率 f_s 等来确定。平均指令时间越短，CPU 的运算速度越快，越有利于保护功能的实现。此外，CPU 的寻址方式（从操作指令中取得数据的方法）和中断能力，都对软件设计有较大影响，也是确定 CPU 性能的重要指标。

实际应用中，原理复杂、动作速度快的继电保护应选择比较高档的 CPU，但是造价也会随之升高。随着大规模集成电路制造技术的不断发展，将 CPU、存储器、定时器及 I/O 接口等集成在一块芯片上的单片机不断推陈出新，其功能比传统单纯的 CPU 有了较大提升和扩展。尤其是近些年来，嵌入式系统快速发展，能够在单片机中写入操作系统，不仅能够增强人机互动能力，也大大提高了继电保护系统的运算能力、自动化和智能化程度。单片机具有一系列优点：较高的抗电磁干扰能力和高可靠性；编程简便、整体运算速度提高；体积微型化、价格低廉；允许温度范围宽（ – 40 ~ 85 ℃）；有支持多机通信的串行接口，便于构成多 CPU 保护装置等。所以，微机保护作为一种专用的装置采用单片机是适宜的。

（三）时　钟

时钟电路为保护装置的各种事件记录提供时间基准。它具有独立的振荡器和专用的充电电池，所以装置停电时，时钟电路仍能运行。

（四）键盘、显示器和调试通信接口

这些装置都有标准的接口电路，主要构成本地的人机对话接口。其作用是建立起微机保护装置与使用人员之间的信息联系，以便对微机保护装置进行人工操作、得到反馈信息和进行现场调试。对微机保护装置的操作主要包括修改和显示整定值、输入操作命令等。反馈信息主要包括被保护的一次设备是否发生故障、是何种性质的故障、保护装置是否已发生动作，以及保护装置自身是否运行正常等。对微机保护装置进行现场调试时，可将调试通信接口与通用微型计算机（如笔记本计算机）相连接，实现视窗化和图形化的高级调试功能，大大简化维护难度，提高生产效率。

（五）打印机

微机保护中，打印机主要是用来打印定值、故障报告等，一般采用并行打印机。为了避免打印机被干扰，通常将微机保护装置与打印机光电隔离。为了减小干扰影响，也有采用串行打印机的，或不设打印机，只设打印机接口，将相关信息经通信传送给变电所综合自动化系统统一打印。

三、输入/输出系统

输入/输出系统主要指开关量输入/输出（I/O）接口，它负责与外部设备的信息交互。

（一）开关量输出电路

微机保护装置中设有开关量输出电路，用于驱动各种继电器，如跳闸出口继电器、重合闸出口继电器、装置故障告警继电器等。开关量包括面板上显示的信号、故障测距装置的触点输出、保护口跳闸和发出中央信号的触点输出等。开关量输出电路主要包括保护的跳闸出口、本地和中央信号及通信接口、打印机接口，一般都采用并行接口输出来控制有触点继电器的方法，但为了提高抗干扰能力，继电器采用与微机系统相互独立的电源（不共地），并用一级光电隔离。

如图 10-6 所示，P_1 和 P_2 来自微机中同一个并行口。P_1 经过非门 F 同与非门 YF 相连，而 P_2 直接与 YF 相连，这样可以防止在直流电源电压变动时造成出口继电器 K_1 误动。

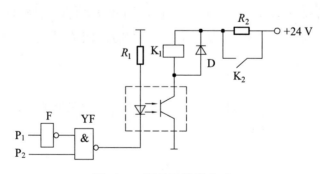

图 10-6　开关量输出方式

出口继电器 K_1 的正电源由保护启动元件 K_2 的触点接通。启动元件与微机系统完全独立，这样任何一方面故障都不会导致保护误出口。出口继电器 K_1 线圈两端并联的半导体二极管 D 称为续流半导体二极管。它的作用是在光敏三极管突然由导通变为截止时，为继电线圈释放储存的能量提供电流通路，这样一方面加快了继电器复位，另一方面避免了电流突变感应出较高的反向电压而引起相关元件损坏和出现干扰信号。

（二）开关量输入电路

微机保护装置中一般应设置几路开关量输入电路，开关量输入主要用于识别运行方式、运行条件等，以便控制程序的流程。微机保护输入的开关量包括面板上的切换开关、从装置外面引进的触点（如断路器的位置触点）、由值班人员操作的装置压板等触点。开关量输入电路主要是将外部一些开关触点引入微机保护的电路，由于外部电路电压一般大于微机芯片接口所能承受的电压，所以这些外部触点不能直接引入微机保护装置，需经光耦合器引入，如图 10-7 所示是一个典型的开关量输入电路。一般外部触点与装置的距离较远，通过连线直接引入装置会带来干扰，故采用光电隔离，并用与微机系统相独立的电源。开关量输入电路包括断路器和隔离开关的辅助触点或跳闸位置继电器触点输入、外部装置闭锁重合闸触点输入、轻瓦斯和重瓦斯继电器触点输入，以及装置上连接片位置输入等回路。

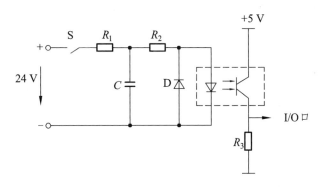

图 10-7　开关量输入方式

此外，外围通信一般采用串行通信方式，其作用是提供与微机通信网络和远程通信网的信息通道，实现与上位机交换信息。例如，在变电所综合自动化系统中，微机保护装置还可通过外围通信接口向所内主机传递故障信息、事件记录等。调度所也可通过变电所内主机及外围通信接口对微机保护装置实行远程控制，如修改整定值等。

第三节　微机保护装置的基本软件程序

微机保护装置的基本软件程序由主程序和中断服务程序构成。以软件程序由主程序和一个采样中断服务程序构成为例：前者执行对整个系统的监控和实时性要求相对较低的各项辅助功能，如参数或 I/O 口初始化、全面自检、开放及等待中断、键盘扫描、信息排列及打印等；后者按采样周期定时中断前者，周期性地执行实时性要求较高的保护和辅助功能。

一、微机保护装置软件的主程序

微机保护装置软件的主程序如图 10-8 所示。由图可见，主程序可看作由上电复位程序和主循环程序两部分组成。

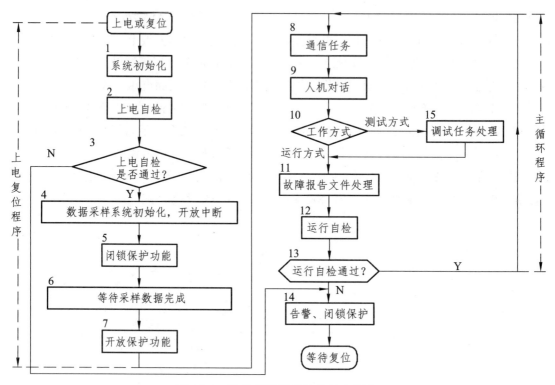

图 10-8 微机保护装置软件的主程序

微机保护装置在合上电源（简称上电）或硬件复位（简称复位）后，进入第 1 框，执行系统初始化。初始化的作用是使软件初始化，使整个硬件系统处于正常工作状态。系统初始化又可分低级初始化和高级初始化：低级初始化任务通常包括与各存储器相应的可用地址空间的设定、输入或输出口的定义、定时器功能的设定、中断控制器的设定以及安全机制等其他功能的设定；高级初始化是指与保护装置各项功能直接有关的初始化，如地址空间的分配、各数据缓冲区的定义、各个控制标志的初设、整定值的换算与加载、各输入/输出口的置位或复归等。

执行初始化完成后，程序进入第 2 框，执行上电后的全面自检。

自检是微机保护装置软件对自身硬软件系统工作状态正确性和主要元器件完好性进行自动检查的简称。通过自检可以迅速发现保护装置的缺陷，发出告警信号并闭锁保护出口，等待技术人员排除故障，从而使微机保护装置工作的可靠性、安全性得到根本性的改善。自检是微机保护装置的一种特有的、非常重要的智能化安全技术，自检功能主要包括程序的自检、定值的自检、输入通道的自检、输出回路的自检、通信系统的自检、工作电源的自检、数据存储器（如 RAM）的自检、程序存储器（如 EPROM）的自检，以及其他关键元器件的自检等。这也是较传统继电保护的一大优势。

自检在程序中分为上电自检和运行自检。上电自检是在保护装置上电或复位过程（保护功能程序运行之前）进行的一次性自检，此时有时间进行比较全面的自检，以保证开始执行保护功能程序时装置处于完好的工作状态。运行自检是在保护装置运行过程中进行的自检，以便及时发现运行中出现的装置故障。由于保护程序在运行中的大部分时间必须分配给保护功能及其他辅助功能，通常在运行自检中需对自检任务进行简化、分级处理：必须迅速报警、处理量较小及必须一次性完成的自检任务置于中断服务程序中；其他较次要且处理量较大的自检任务则置于主程序中，并且采用分时处理的方法。

上电自检完成后，在第 3 框判别自检是否通过：若自检不能通过将跳转至第 14 框，发出告警信号，并闭锁保护，然后等待技术人员检修和人工复位；若上电自检通过，则进入第 4 框，继电保护功能程序开始正常运行。

第 4 框执行数据采集初始化和开放中断。其主要作用是对循环保存采样数据的采样数据缓冲区进行地址分配，设置标志当前最新数据的动态地址指针，然后按规定的采样周期对控制循环采样的中断定时器赋初值，并令其启动，开放采样中断。定时器会每隔一个采样周期发送一次采样中断请求，由采样中断服务程序响应中断，进行一次数据采集。

由于保护功能的实现需要足够的采样数据，故不能马上进入保护功能的处理，第 5 框暂时闭锁保护功能，采样中断服务程序暂时不会执行启动元件、故障处理程序等相关功能。第 6 框的作用则是等待一段时间使采样数据缓冲区获得足够的数据供计算使用。获取足够的采样数据之后，进入第 7 框重新开放保护功能，此后主程序将进入主循环。

主循环在微机保护正常运行过程中是一个无终循环，只有在复位操作和自检判定出错时才会中止。在主循环过程中，侦测到中断后暂时终止当前任务，CPU 优先响应中断并转而执行中断服务；CPU 完成中断服务任务后重新返回主循环，继续刚才被中断的任务。主循环主要利用中断服务的剩余时间来完成通信任务处理、人机对话处理、调试任务处理、故障报告处理以及运行自检等各种非严格定时的任务。在主循环中需要逐一执行的各项任务不能因执行时间过长而影响其他任务的执行，更不能出现内部死循环。所以当任何一个任务不满足上述要求时，需要做分时处理；另外还需要根据任务的重要程度，合理设置各任务执行的优先权。

在主循环中，第 8 框执行通信任务处理，为信息发送和接收进行数据准备。通信的发送和接收数据的操作需要满足严格的通信速率要求，并保证数据发送的及时性和接收数据的完整性，要求很强的实时性。

第 9 框执行人机对话处理。程序应执行如扫描键盘和控制按钮、在显示器上显示数据等任务，同时对各种操作命令进行解释和分类，并按任务类别交给相应的任务处理程序执行。

第 10 框判别微机保护系统当前工作方式，即处于调试方式还是运行方式。若是调试方式，则在第 15 框先执行由第 8 框或第 9 框下达的调试功能任务；若是运行方式，则在执行完调试任务后，进入第 11 框去执行后续任务。调试功能是指微机保护装置特有的对控制参数进行给定、核对和对自身性能进行辅助测试、调整的功能。继电保护装置新安装、定期检修和运行一段时间之后，需要进行各项调试工作，以保证保护装置的性能指标和状态符合运行技术要求，如各测量通道的校准、整定值的输入和修改、各项保护特性的测定、出口操作回路的传动检测、通信系统的测试，以及保护装置各种辅助功能的调整等。

第 11 框为故障报告文件处理程序。供电系统、微机保护装置自身发生故障时，微机保护装置在完成处理故障任务后，会自动生成、保存并向变电所微机监控系统提交故障报告。而故障报告对于事故原因的分析，以及对于保护装置自身动作正确性的评估有非常重要的作用。这也是微机保护的优势之一。最后在第 12 框和第 13 框执行运行自检功能。若自检判定保护装置出错，则告警、并闭锁保护，然后等待人工复位；若自检通过则继续执行主循环程序。

至此，完成了一次主循环的过程，返回到第 8 框，周而复始。

二、微机保护装置软件的采样中断服务程序

微机保护装置的软件系统可能存在多个中断源，相应的有多个不同的中断服务程序，但其中必不可少的是采样中断服务程序。如图 10-9 所示为一种较为简单的采样中断服务程序，只有一个定时采样中断源和一个采样中断服务程序。

采样中断服务程序不仅进行周期性的数据采集（数据采集、A/D 变换），还要完成通信数据收发、运行自检、调试、启动检测和保护故障处理等多项任务。

第 1 框执行数据采集处理，主要完成各通道模拟信号的采样和 A/D 变换，并将采集的数据按各通道和采集时间的先后存入 CPU 内部的采样数据缓冲区，并标定指向最新采样数据的地址指针。数据采集还包括对各路开关输入信号、脉冲信号、频率测量信号等的采集工作。

第 2 框主要完成微机通信所要求的直接接收和发送数据的任务，对于规定在中断服务中应做出响应的通信处理任务也必须迅速加以执行。采样中断的速率必须足够高，必要时还应与通信速率相匹配，满足不迟滞发送数据和不丢失接收数据的要求。

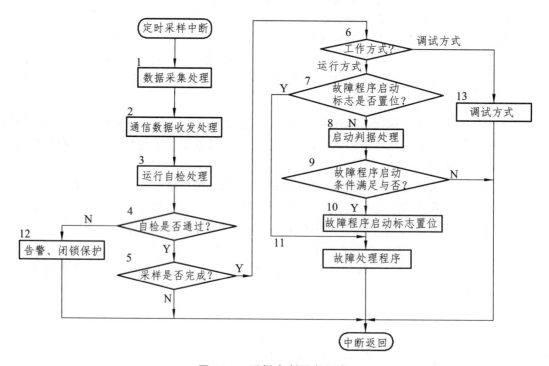

图 10-9　采样中断服务程序

第 3 框完成必须在该中断服务中完成的运行自检任务,并在第 4 框进行通过与否的判断:若运行自检没有通过将转向第 12 框进行保护装置故障告警、闭锁保护等处理环节,设置相关标志,然后直接从中断返回,等候人工处理;若自检通过则可以进入第 5 框执行后续任务。该运行自检任务主要包括输入/输出回路的自检、工作电源的自检等,因为它们需要当前数据且会立即影响保护后续功能的正确性(如输入通道和电源状态);或者执行中不允许被中断打断(如输出回路),否则会引起严重结果,甚至会造成保护装置误动作,所以必须由中断服务程序完成。

第 5 框判断采样过程是否结束,其作用是在保护装置上电或系统复位之后再等待一段时间,使采样数据缓冲区获得足够的数据供保护功能计算使用。

第 6 框判别当前保护装置的基本工作方式(通常来自人机对话元件的请求),根据当前工作方式执行不同的程序:若为调试方式,则在第 13 框完成由调试功能规定必须在中断任务中执行的处理任务后从中断返回;若为运行方式,则直接进入第 7 框。

第 7 框判别故障处理程序启动标志是否置位,若已置位则说明在此次中断之前启动元件已经检测到了可能的系统事故扰动(第 11 框故障处理程序已被启动并在运行),当前暂时无须再计算启动判据和进行启动判定,直接进入第 11 框执行故障处理程序。若启动标志未被置位则进入第 8 框,进行启动判据处理,并在第 9 框对是否满足启动条件做出判断。若判断为满足启动条件,则标定故障发生时刻,在第 10 框对启动标志置位,为下一次响应采样中断后第 7 框的判别做好准备,以执行故障处理程序;若不满足启动条件,表明当前没有系统事故扰动,便可从中断返回。

第 8 框的执行依靠微机保护中采用的启动元件来灵敏、快速地探测系统故障扰动,待判定系统存在故障扰动之后才进入故障处理程序模块,最终对是否有区内故障做出判断和处理。

第 11 框为故障处理程序模块,它是完成保护功能、形成保护动作特性的核心部分。故障处理程序模块的基本功能和处理步骤主要包括:① 数字滤波、特征量计算;② 保护判据计算、动作特性形成;③ 逻辑、时序处理;④ 告警、跳闸出口处理;⑤ 后续动作处理,如重合闸、启动断路器失灵保护等;⑥ 故障报告形成、整组复归处理。

由于故障处理时间很短,在故障处理的时候,只需保留采样中断服务程序中的数据采集与保存、通信数据收发、运行自检等必须严格定时完成和必须及时响应的任务外,其他中断服务任务和主循环中的大部分任务将会自动暂时中止,留待故障处理完毕后再恢复正常执行。

完成故障处理任务后执行中断返回,结束本次采样中断服务,CPU 返回被打断的主循环程序,继续执行中断前的任务,并等待下一次采样中断的信号,周而复始。

思考与练习

一、填空题

1. 计算机继电保护系统是由_____的支持和_____所构成的一个实时控制系统。

2. 微机型继电保护的测量信号与传统的保护相同, 取自于_____和_____的二次侧。

3. 模拟信号的采样, 是指对_____按固定的时间间隔取值而得到的_____, 即对连续信号按时间取量化值。

4. 模数转换器的主要技术指标有_____、_____、_____、_____。

5. 模拟量的低通滤波电路用于滤除模拟信号中的_____。

6. _____就是在每一个采样周期内对所有通道的电量在某一时刻同时进行采样。

7. 用于完成采样和保持功能的电路称为_____。

8. _____是在一个采样周期内, 对上一通道完成一次采样及 A/D 转换后, 再开始对下一通道进行采样及 A/D 转换, 直到完成对所有通道的一次采样及 A/D 转换。

9. _____指 A/D 转换器对输入模拟量的最小变化的反应能力。

10. _____指 A/D 的转换精度, 即准确度, 有绝对精度和相对精度。

二、选择题

1. 微机保护装置的 CPU 执行存放在 (   ) 中的程序。
   A. RAM   B. ROM   C. EPROM   D. EEPROM

2. 微机保护装置中, 采样保持回路的符号是 (   )。
   A. ALF   B. S/H   C. VFC   D. A/D

3. 微机保护装置中, 电压/频率变换回路的符号是 (   )。
   A. ALF   B. S/H   C. VFC   D. A/D

4. 采用微机综合自动化的变电所, 其继电保护均采用 (   )。
   A. 微机保护   B. 集成电路保护
   C. 晶体管保护   D. 电磁继电器保护

三、判断题

1. 微机型保护与集成电路型保护相比, 自检功能更强, 理论上可靠性更高。   (   )
2. 微机保护输入回路的首要任务是将模拟信号离散化。   (   )
3. 集成电路型继电保护与机电型继电保护相比, 固有动作时间增加了。   (   )
4. 在微机保护中, 采样和采样保持是分别由各自的电路来实现的。   (   )
5. 计算机继电保护的特点可实现多种功能。   (   )

三、简答题

1. 输入微处理机的继电保护信号为什么要进行预处理?
2. 什么是采样与采样定理?
3. 简述逐次比较式 A/D 转换。
4. 简述计算机继电保护的基本原理。

四、综合题

计算机继电保护与传统式继电保护有何不同点?

参考文献

[1] 谭秀炳. 铁路电力与牵引供电系统继电保护[M]. 3 版. 成都：西南交通大学出版社，2015.

[2] 孙淼洋. 铁路供电继电保护原理及应用[M]. 成都：西南交通大学出版社，2015.

[3] 杨正理，黄其新，王士政. 电力系统继电保护原理及应用[M]. 北京：机械工业出版社，2010.

[4] 昆明铁路局. 变配电值班员[M]. 北京：中国铁道出版社，2014.

[5] 常国兰，支崇珏. 继电保护装置运行与调试[M]. 成都：西南交通大学出版社，2017.

[6] 陈少华，陈卫，何瑞文，文明浩. 电力系统继电保护[M]. 北京：机械工业出版社，2009.

[7] 河南省电力公司焦作供电公司. 继电保护实验手册[M]. 北京：中国电力出版社，2008.

[8] 国网浙江省电力公司. 继电保护[M]. 北京：中国电力出版社，2016.

[9] 陈家斌，张露江. 继电保护二次回路电源故障处理方法及典型实例[M]. 北京：中国电力出版社，2012.

[10] 陈根永. 电力系统继电保护整定计算原理与算例[M]. 2 版. 北京：化学工业出版社，2013.

[11] 邢道清，王志乾，史立红. 继电保护与电气仪表[M]. 3 版. 北京：机械工业出版社，2009.

[12] 许建安. 电力系统微机继电保护[M]. 2 版. 北京：中国水利水电出版社，2008.

[13] 史兴华. 电网继电保护典型缺陷处理[M]. 北京：中国电力出版社，2011.